U0717932

时间就该浪费在美好的事物上

time

1 2 3 4 5 6 7 8 9 10 11 12

陈渝 著

台海出版社

图书在版编目(CIP)数据

时间就该浪费在美好的事物上 / 陈渝著. — 北京：台海出版社，2018.5

ISBN 978-7-5168-1872-5

Ⅰ. ①时… Ⅱ. ①陈… Ⅲ. ①成功心理-通俗读物 Ⅳ. ①B848.4-49

中国版本图书馆 CIP 数据核字(2018)第 089247 号

时间就该浪费在美好的事物上

著　　者：陈　渝

责任编辑：姚红梅　员晓博
装帧设计：芒　果　　　　版式设计：通联图文
责任校对：化莹莹　　　　责任印制：蔡　旭

出版发行：台海出版社
地　　址：北京市东城区景山东街 20 号　邮政编码：100009
电　　话：010-64041652(发行，邮购)
传　　真：010-84045799(总编室)
网　　址：www.taimeng.org.cn/thcbs/default.htm
E - mail：thcbs@126.com

经　　销：全国各地新华书店
印　　刷：北京鑫瑞兴印刷有限公司
本书如有破损、缺页、装订错误，请与本社联系调换

开　　本：880mm×1230 mm　1/32
字　　数：160 千字　　印　　张：7.5
版　　次：2018 年 7 月第 1 版　　印　　次：2018 年 7 月第 1 次印刷
书　　号：ISBN 978-7-5168-1872-5

定　　价：39.80元

前言

1

你有没有说过:“到那时候,我就开心了……”

“等这周过完,我就……”

“等到了假期,我就……”

“等孩子长大离开家,我就……”

“等房贷还清,我就……”

这种人为地过度推迟幸福感,其实在某些心理学专家眼中,就是一种欺骗。

英国作家奥斯卡·王尔德揭示了这种现象的本质:“世界上只有两种悲剧,一是求之不得,二是得偿所愿。”

人性的通病往往是求之不得,却苦苦追寻;而得偿所愿后,又有了更高更大的欲望驱使人们拼命往前赶,于是活得苦不堪言。

2

很多人说,我也不想这样,可是,这个世界太危险了——

睡一觉醒来,也许发现今天刚买的手机,明天就过时了;

今天刚发的工资,明天就不够花了;

今天刚想明白的道理,明天就不适用了;

今天刚和你喝过酒的兄弟,明天就跑到老板面前打你小报告了;

……

所以,我们无路可走,我们只能兢兢业业,不苟言笑,立志夙兴夜寐,神情严肃、紧张,生怕神情若有松懈,则会功亏一篑,至于什么快不快乐的,那就以后再说了。

所以,我们大多数人,都是很不快乐地在完成目标,也很不快乐地在寻找快乐。

可是,为什么我们要一直在等待完成目标后的快乐感?为什么我们必须靠完成事情才快乐?

这不禁让我想到了一位心理学家说过的话:“快乐,是种与生俱来的权利,而不是取决于你所完成的成就。”

也就是说,把快乐当是出发地,而不是目的地。

3

比如此刻,坐在电脑面前敲打文字的我,享受叙写文字、描绘感受,露出享受写作的微笑;给老公孩子做爱心“便当”的我,想着他们吃到时“哇!好好吃”的表情,露出享受“赞美”的微笑;给父母们挑选礼物的我,看到他们挑来挑去,一副

“啊！这是女儿(儿媳)买给我的”的样子，露出享受亲情的微笑，这就是我的美好啊。

还有，在广场上聚集在一起舞剑练操的老大爷、老奶奶们，精神抖擞地舞动着姿势漂亮的剑，跳着强身健体的操，脸上露出开心的微笑，那是他们的幸福，拥有健康身体的幸福。

在幼儿园的门口，许许多多的家长等待着孩子们放学，门一开，无数个孩子就欢呼着奔向自己父母的怀抱，他们天真的小脸，那是心与心相交的幸福，亲情的幸福。

你看啊，为什么我们不能快乐地完成事情？

幸福本身就是一种旅程，而不是旅程中的一个目标站啊。

4

我把我的文字写给你，带你深入讲述生活的喜怒哀乐，也讲述如何拥有更好的自己，提升阳光、自信、性格、素养、心态等，洗涤心灵的同时带给你前进的动力。

逝去的不会再来，珍惜当下是明智的，多一点理解和宽容，少一点抱怨和冷漠，多一点淡定和微笑，少一点烦躁和不安……人生重要的领悟，都在这些文字中，等你去体会——

我告诉你，从现在开始，能接吻就不要说话；能拥抱就不要吵架；能行动就不要发呆；能团聚就不要推辞。好的东西不要珍藏,今天能做的事不要等到明天。

我告诉你,从现在开始,答应自己的事就尽力去做到,答应自己要去的地方就尽力去抵达。

别再说,这个世界太危险,如果真是那样,我亲爱的朋友,你的时间,就该浪费在美好的事物上。

目 录

最怕你一生碌碌无为，还安慰自己平凡可贵。当你持续努力，整个世界都会慢慢向你走来。所有的执拗背后，都藏着一个求而不得的人。所有的悲凉背后，都有一颗与温暖绝缘的心。

Chapter 4 你不迟到我不离开，我们终究会相遇 …… 87

“弱关系”带来钱，“强关系”带来爱，你于我的意义，不仅仅是一张温暖我的脸。不仅仅是我午夜想找人说话时的一个号码，而是整个青春都在路上的奇妙旅程。

Chapter 5 优秀的人，从来不会输给情绪 …… 111

关于情商，道理我们听得太多，可至今没有一种道理可以真正提升我们的能力。为什么你那么聪明却一直没成功；为什么你听了这么多的道理，却也无法过好这一生？因为你总是败给自己的情绪。

Chapter 6　此间风景独好，为何不站在桥上看一看 … 141

用心倾听风的声音，总会对生活有些感悟。当你闭上眼睛，让风的声音，轻轻的滑过耳边，拂过眼帘。听着这首宛如天籁的乐曲，闻着它为你带来远方的一缕清香。在自然的旋律中领略空灵与净美，获得安宁与休憩，感悟人生的真谛，汲取生命的力量。

Chapter 7　要么有种改变世界，要么乖乖改变自己 … 169

你今天刚买的手机，明天就过时了；你今天刚淘的衣服，明天就不时髦了；你今天刚发的工资，明天就不够花了；你今天刚想明白的道理，明天就不适用了。这个世界时刻进行着残忍的大淘沙，那些故步自封、不改变的人必将受到惩罚。如果你不能改变，就只能被无情地淘汰。

人生多风雨,道路总崎岖,但世上的路不止一条,希望不止一个。面对生活,低首蹙眉、郁郁寡欢,不如一路悠然、轻歌曼舞。阅尽世事,就会幡然明白:“不管遇到什么,那都是生命的典藏。”无论这个世界是否真的有他们说的那么危险,要相信,那些最美丽的镜头,一直在你手里。

Chapter 1

致我们单纯的小美好

你曾热衷于将生活折腾个底朝天，只为寻找一丝看不见、说不清的幸福梦想，然后看着幸福在日渐“作死”的过程中愈行愈远……蓦然回首，在激情澎湃、五彩斑斓的背后，幸福就静静地守候在你身边，是那平平淡淡、简简单单的小美好。

酒吧打烊时我就离开

1

小芳刚过25岁，家境好，长得不仅漂亮，而且能歌善舞，她向我们宣布自己要结婚了，问其男友，竟比她大10岁，且离异带有一个小孩。得知这些情况后，同事们纷纷表示不解和惋惜。可作为小芳的好朋友，我知道她绝对不是一个玩世不恭的女孩，她在众多的追求者中选择了那个男人，一定有她的理由，于是，我便决定找个时间同她好好聊聊。

小芳对我的疑问丝毫没有感到意外，她很坦率地讲到她的男友，并介绍了他的许多优点，她说："别人只是看到了他的一些表面现象而已，其实并没有走近他的心，当了解他以后，你就会知道他是一个多么好的男人。我要的是踏实的婚姻，过一种实实在在的日子，我知道现在有许多人在议论我，但我不在乎，幸福是自己的事！"

她还告诉我，她和男友在一起，她的家人最初也很反对，但是在家人多方了解了男友的人品后，也就渐渐容纳他了。她说："有趣的是，我那择婿近乎苛刻的母亲，竟然还操起针线为他织起了毛衣。"小芳在向我说起这些的时候，她的脸上写满了幸福。

幸福是自己的事情，当代作家毕淑敏在20世纪80年代的时候就已经感悟到了。刚开始当卫生所所长和内科医生的她，在一个海外报道上看到了几种世界上最幸福的人：刚刚给孩子洗完澡的妈妈；为自己病人治疗好，目送病人远去的医生；沙滩上用沙子筑出沙堡的孩子；写完作品的最后一个字的作家。

这四种最幸福当时都汇集在了毕淑敏一个人的身上，可那时的她也没怎么觉得幸福。于是她认识到，要想获得幸福，首先就得从改变自我开始。“发现你生活、生命中的幸福，让幸福充盈你自己的内心，而且去感染周围的人。”

2

周老伯在退休的时候，做出了一个“雷人”的决定，他要把城里的房子租出去，和老伴到农村买房，充分享受大自然的乐趣。说实话，对于周老伯的这个决定，周围的朋友基本上都不大理解，甚至还有同事劝他，农村条件艰苦，在那里买房挺划不来的。而周老伯则说：“我从小在农村长大，非常留恋农村，我会在那里愉快地安度晚年的。”说这话时，周老伯立场很坚定，从他的眼神之中，可以看出他对自己想要的幸福生活的向往。

尽管亲戚朋友都在反对，周老伯还是义无反顾地搬到乡下去了。周老伯所住的地方,是一个环境优美的小山村,村边有小河,南边有山,溪水潺潺,绿树成荫。周老伯和老伴的住所则是两间大瓦房,土炕,大庭院,庭院之中种有枇杷树,树上硕果累累。

此后一年,周老伯打电话给他的那些老朋友,约他们到自己的家里坐坐。于是,老朋友们跨进了周老伯的家门,无不感叹:"这哪是周老伯一年前的家呀!"庭院到处种着蔬菜瓜果,房前屋后,到处是自耕田,田里种着花生、白菜、红薯……

午饭时,老友们品尝到了南瓜汤、地瓜饭,饭桌上周老伯喝了一点小酒,便情不自禁地唱起歌来,声音洪亮、无拘无束。周老伯还对朋友们说,他最近喜欢上了写作,面对如此清静幽雅的生活,有了很多灵感。

见到周老伯现在的幸福生活,众人终于明白了,幸福其实跟别人、跟某些物质条件,并没有必然的联系,关键在于自己的感觉如何。

正如美国总统林肯说的:"对于大多数人来说,他们认定自己有多幸福,就有多幸福。"

3

前几天有两次坐出租车的体验,让我难以忘怀。

一大早，我跳上了一辆出租车，因刚好遇上早高峰时间，没多久车子就堵在车阵中，于是，我与司机师傅聊了起来："师傅，最近生意好吗？"

后视镜中的脸拉了下来，声音臭臭的："有什么好？到处都不景气，你想我们出租车生意会好吗？我每天天不亮就出来开车，开到天黑回去也赚不到多少钱，真是够气人的！"

嗯，显然这不是个好话题，换一个主题好了，我想。

于是，我说："不过还好你的车子很宽敞、很舒服，要不然像现在困在路上就难熬了。车子大还是好，即使塞车也不会觉得心情不好。"

没料到这张脸竟愈来愈臭，声音也激动了起来："你觉得舒服吗？那你每天坐12个小时看看，你还会不会觉得舒服，我每天被关在这车里，关得腰酸背痛，真是倒霉，还不是为了要吃饭。"他说完叹了口气。

老实说，那天我下车时，心中竟有种解脱的轻松感。

不过几天后，我再一次跳上了出租车，而这一次，却开启了迥然不同的体验。

一上车，看到了一张笑容可掬的脸，轻快的声音伴随而来："你好，请问要去哪里？"

有些惊讶这迎面而来的亲切，我笑了笑，随即告诉了他目的地。

司机师傅说："好，没问题，那你希望怎么走呢？"我说：

“都可以啊，看你怎么方便，就怎么走吧！”

他笑了笑，一边开车，一边开始愉快地哼起歌来，显然，他今天心情不错。

于是我问：“师傅，看你今天心情很好嘛，有什么喜事吗？”

他笑得露出了牙齿：“我每天都是这样啊，每天心情都不错。”

“为什么呢？”我问，“不是听说最近大家开车收入都不太理想吗？”

师傅又笑了笑：“没错，不过日子总是要过的，我也有家、有小孩，开车时间也跟大家一样变长了。不过，我总是会换个角度去想事情，心情就不一样啦！”

他继续说着，脸上的笑容一直未消：“譬如说，我觉得出来开车，就好像出来玩一样，客人付钱请我跟他们一起去玩，这不是挺棒的吗？”

“例如，你现在付钱，请我带你去公园玩，到了公园，我总是把客人送下车后，停下来抽根烟，欣赏一下风景再走，像现在正是花季，我等一下就可以顺道赏赏花了，反正来都来了嘛，更何况还有人付钱呢！”

多么精彩的一段话！

我突然意识到自己有多幸运，一早就有这份荣幸，跟这位幸福达人同车出游。话一句话说，快乐是出发地，不是目的地。

也许是小时候都被成功洗过脑，现在的我们大多习惯在准备考试时兢兢业业、不苟言笑，一切只等到考完，到那时才感到轻松，觉得快乐。

而在工作上，我们往往也给自己设下目标，并且为了表明决心，立志夙兴夜寐，神情严肃紧张，生怕若有松懈，就会功亏一篑，至于什么快不快乐的，那就以后再说了。

我们大多数人，都是很不快乐地在完成目标，也很不快乐地在寻找快乐。

从幸福的角度而言，这个做法非常有待商榷。

因为，真正的幸福达人，不是去完成了事情才快乐，相反的，应该是要快乐地去完成事情。

当尼克松知晓自己患了癌症以后，竟微笑着这样诠释死亡："酒吧打烊时我就离开！"正因为有了这样一种良好的心境，在余留的生命中，他依然过得很幸福。

幸福本身就是一种旅程，而不是旅程中的一个目标站。

幸福的距离只有九十九步

1

某天,我闲来无事,便打电话把自己最好的闺蜜叫了出来一起逛街,我们边走边聊。这个时候,闺蜜给我讲了一个发生在她和她老公之间的一件小事。

像往常一样,闺蜜和她老公一起出来逛街,因为一点小事,闺蜜和她老公在街上就吵了起来。两人吵得越来越凶,都认为是对方的错,自己是正确的,引来了一些人的围观。这时,闺蜜的老公说:“咱们先不吵架,我和你背对背开始往前走,说好当走完一百步后,再回头,如果还能看到对方,我们就忘掉以前所有的不快乐,重新开始;如果看不到彼此,就继续往前走,不要再回头。”闺蜜听完后,想了想说:“可以。”于是,两人便开始背对背,向反方向走去。

闺蜜说:“当我走出第一步,我就后悔了,因为突然有一种叫作悲哀的东西漫过我的心底。我想,我的爱情路只剩下了九十九步,曾几何时,我们一起在雨中漫步,衣服淋湿了也不觉得冷;曾几何时,我们在雪天里呼着热气吃冰淇淋,当人们投来诧异的目光,我们竟哈哈大笑;曾几何时,我们手拉着手一起看夕阳西下,落叶纷飞。”

她说，当她已走到20步的时候，她好想回头看看自己的老公，看看老公是否和她一样步履维艰。然而，她没有这么做，就这样又继续走了下去。

“当我走完50步时，有一个卖烤红薯的老人，问我要不要红薯。我摇了摇头，老人就推着车走了。”闺蜜默默地想，“为何他不再多和我讲几句话？那样我便可以停留一会儿，不要再走下去。”

闺蜜特别爱吃红薯，所以每到天冷的时候，她老公都会跑到校门口买个大红薯，然后揣在怀里，一路小跑到她住的宿舍楼下，每当她下楼看见气喘吁吁老公时，她都感动得想哭。

不一会儿，闺蜜已经走完了80步，此时的她后悔不已，她想：“为什么会变成今天这样，为了一点点小事争吵值得吗，对与错重要吗？”

“你知道的，我是一个挺爱哭的女孩，当我的眼泪在他眼里不再感到心疼，而是心烦的时候，那就意味着，双方在一起更多的是互相伤害。终于有一天，我老公对我说：‘我们不能再这样下去了，不然只会是互相折磨，分开吧！’”她说，“我当时就喊道，为什么，你是不是不喜欢我了？我老公说，是因为太喜欢你了，所以不能忍受你跟我一起这样不快乐。”

最后，闺蜜走到第99步了，想到了过去的种种开心、难过，甚至争吵，她再也抬不起沉重的脚，去走完最后一步了。泪也顺颊而下，闺蜜不想回头，也不愿回头，就这样站在第99步的位置，最后控制不住自己，蹲下身痛哭起来。突然，一双宽大的手从后面抱住了她的双肩，回过头，看到了她老公深情地看着她。

闺蜜扑进了她老公的怀里，哭着说："我不要再往下走了。"她老公说："傻丫头，永远不会再让你一个人走。其实我一直走在你的身后，一直在等你回头。"

这是闺蜜和她老公之间的故事，每当跟我说起这件事，我总能看见闺蜜的脸上洋溢着幸福。

其实，幸福并不远，是我们自己把它想的遥不可及。幸福其实就在我们的周围，简单地说，人活着不就是一个幸福吗，我们需要去珍惜现在拥有的一切。

2

很多人都会问："幸福离我有多远？"其实，幸福一直就在我们的身边。小的时候，有亲人温暖的怀抱，有可爱的小伙伴陪着自由地玩耍，一起唱着的歌，如鸟儿的欢叫声回荡在大自然赐予的每一个角落，那个时候，幸福就在身边。

随着长大，我们开始面临着爱与恋的欢喜、痛苦、纠缠，发现自己再也不是那一张白纸，上面有了太多的图案。经历着一次次的痛苦之后，猛然发现幸福来得很快，走得也快。只是，幸福还在的时候，没有努力抓住它，是我们自己放走了幸福，回到原点，一个人孤独地走。幸福不会停下脚步来等任何人，幸福其实就是一种感觉，你感觉到了，便是拥有;珍惜拥有,便是幸福。

小的时候,幸福是有小人书看、有糖吃、有玩伴;再大一点,幸福是有漂亮的花裙子穿、有考了满分的试卷,被大人夸赞、有很多的故事书,可以沉醉其中;再后来,偏执地以为,幸福如所有童话书中描述的那般:“王子与公主历经磨难,从此幸福地生活在一起……”

幸福离我们究竟有多远?相信每个人的答案都不相同,有的人说幸福离自己很近很近,就在自己的身边。而有的人说幸福离自己很远很远,自己根本就够不到。如果要让我说幸福有多远,我会说,幸福的距离只有九十九步。

忘不了的都叫梦想,哪怕是减肥

1

前几天,有个网友给我发来这样一封信。

我是一名即将毕业的大四生，现在是一点方向都没有,之前有设想好的人生,但是现在却一点都没有实行,整天混吃混喝、浑浑噩噩的,我自己都不满意自己的现状。还有我原来是个很乐观的人，但是最近，却一点都开心不起来，对自己的未来感到很迷茫。

我问他："你喜欢做什么，觉得自己能够做什么呢？"

他答："我喜欢旅游。于是很多人都对我说，你可以去做导游。其实，我不想做这个职业，因为做导游太累了，去做其他的，我又没有什么特长，我现在严重怀疑自己的能力！"

类似这样的信我还收到好几封。一般都会有这样的对话。

"——你有没有自己想做的事情啊？"我问。

"——没有耶。"

"——那你有梦想吗？"

"——没有。"

我虽然不能肯定地说梦想能让人吃饱穿暖、衣食无忧，事实上，它甚至会让你忍冻挨饿，去面对现实生活中更多的艰难困苦，但是，我可以肯定的是，梦想能够让你每天不再浑浑噩噩，让你的生活每天都充满活力，能够带你到一个更广阔的地方，给你带来更多的幸福感。

当我这样说的时候，肯定会有人来"砸"我。

比如："你别洗脑害小朋友了，中国有创立万科的王石；美国有众人皆知创立苹果的乔布斯；日本有著名建筑大师安藤忠雄……这样的例子我也会说，但那都只是别人而不是我们。"

"你跟我扯什么梦想？你没有孩子拖累，去哪里，都是说走就走。我们这些20多岁就要了孩子，成天被娃娃纠缠，我不想那些，能够不用上班，专心带娃就可以了！"

我才发现，很多人一提到梦想，就觉得是要做总裁、当明星、做伟人，等等，难道梦想就必须是人人都羡慕的事情吗？难怪无病呻吟的人越来越多，迷茫、困惑的邮件塞"爆"了我的邮箱。

好吧，我纠正一下。

梦想不一定是多么伟大。

那个你一想起来就激动得睡不着的事，就是你的梦想。

2

朋友小舞给我打电话，问我能不能帮她租一个北京的房子，她报过来一个地址和价位。我一看，说："租房没问题，可是，那里既不是繁华地带，也不是商业中心，谁要租？"

小舞说："我啊，我打算去那里的一所芭蕾舞蹈学院进修考级，先托你把房子租好。"

"你？芭蕾？"我惊讶地问道，"可是你已经38岁了……"还有一句，我没说出口，小舞大大咧咧的豪爽性格，我怎么也不能把她和芭蕾联想到一起。之前也有看她的朋友圈，知道她一直在学舞蹈，我以为那不过是类似于肚皮舞、瑜伽之类的，打打酱油、健健身，没想到她居然认真地要学芭蕾。

“这年头艺校毕业的孩子都找不到好工作。”我劝说，“学那干吗？别我给你租了你又不来。”

小舞说：“我又不是为了找工作，这是我童年的梦想。”

原来，小舞年少的时候，曾经被学校选中，送去当地的少年宫学习芭蕾舞，参加《天鹅湖》的演出，20世纪80年代的兴趣班是很严格的，小舞为了跳领舞，非常刻苦努力的练习。那时候，老师、同学都说她是棵好苗子，而她的梦想也是成为一名芭蕾舞演员。

但结果是，舞衣都定制好了，头纱也买好了。距离演出只剩一星期，小舞在街上被一辆电动三轮撞了，左腿粉碎性骨折，在医院里打石膏躺了三个月。

小舞看着那个原本跳配角的女孩代替了她的角色，记忆里的最后一个片段是《天鹅之死》里那个凄婉的收场动作，双臂摆合，愈伏愈低，渐渐合拢羽毛，宛如安静地睡去。

她说：“我没有那么多伤感，我还小，只是，却一直记得，忘不了。”

听了小舞的故事，我想，忘不了的，都叫梦想，那是想起来激动得睡不着觉的事啊。

3

乔布斯在斯坦福大学的毕业典礼上有这样一段演讲。

“唯一支撑我前进的东西就是：‘我爱我所做的事。’你必须找到你所爱的东西，这句话不仅适用于你的工作，也同样适用于你的恋爱。”

“你的工作将构成你生活的大部分，而唯一能让你真正从工作中得到满足的办法，就是爱你所做的事。假如你还没有找到它，那就继续找吧，不要停下脚步。同所有与心灵相关的东西一样，当你找到它时，你会发现，它像那些陈年老酒一样，会随着岁月的增长而越加醇美。”

村上春树在《当我谈跑步时，我谈些什么》中说：“突然有一天，我出于喜欢开始写小说，又有一天，我出于喜欢开始在马路上跑步。不拘什么，按照喜欢的方式做喜欢的事，我就是这样生活的。”

是的，如果不是爱你所做的事，你如何能一日又一日地投入自我的心力与时间？正如爱情里，如果你不是因为爱这个人才与其结合，那如何对抗婚姻中的琐碎、压力以及漫长岁月所带来的疲惫？

无论何等意志坚强的人，何等争强好胜的人，不喜欢的事情终究做不到持之以恒。写作和跑步无疑是村上春树所热爱的，也许跑得更远，写得更好便是他的梦想。

如果，你能长期坚持去做一件事，一定是这件事带给你的丰盈感和满足感超过了你的所有付出；一定是这件事日夜萦绕在你的心头让你欲罢不能;一定是这件事唤起了你内心深处最强烈的兴趣。

而这件事,就是你的梦想。

30岁,只是人生中的第一个闹钟而已

1

我认识的一个姑娘,她准备考雅思,打算出国。

当我再一次和她见面的时候,问起她的备考情况,她表示不想考了,也不打算出国了。我本以为她会说些诸如英语难学、雅思难考之类的抱怨,没想到,她幽幽地说了一句:"过年回家和父母交流了一下,觉得这么大年纪了,不想折腾了。"

我不由得心想:"Excuse me,这么大年纪了?你才刚过了30岁而已,到底在害怕什么呢?"

30岁,好像是一个奇妙的分界线。在这条分界线以前,我们努力学习,拼命工作,朝着我们想要的生活大踏步的前进;那时的我们,眼神发亮、目光坚定、一路向前。

忽然，我们停了下来，哦，原来我们来到了30岁这条分界线前。

这样的忧虑也时常萦绕在我的脑海里，驱使我绞尽脑汁地思索，思索它的答案——我们都害怕失去，害怕失去那些本不该属于我们的事与物，而尤其当我们拥有了我们所想要得到的绝大部分时，这种害怕失去的恐惧感就会愈加让我们不寒而栗，甚至瑟瑟发抖，我们会感到不安。

可这又意味着什么呢？我不想知道，当然也没有知道的义务。

2

老家有个小表妹非常向往北京，考大学时遭遇父母反对，以她的成绩考北京只能是二本以下，在本省则属于重点，于是，拗不过父母的她，乖乖地上了省内的重点大学，毕业后做过三份工作，一晃到而立之年。

距离30岁生日不到一个月的时候，她突然有个大胆的决定，只说出去参加同学聚会，一个人收拾了几件衣服，坐上高铁独自来到北京。出租车在四环路上走，路边是各色树，桃、杏、梅、兰……粉白粉紫交织，一阵风吹起花瓣纷飞，花雨中，一辆保时捷擦身而过，变道再变道，鱼儿游水般轻盈灵活，她看到车主是个和她年纪差不多的女孩。

那天，表妹在四环路上哭了，表妹的体会是——自己的人生原来是一个苦循环:“上班——拿钱，拿钱——吃饭,吃饭——活着。”与梦想、追求、激情无关。

后来,表妹毅然辞职住进了北京的地下室,她说,她怎么也要在自己喜欢的城市里待上一段时间,哪怕是一年。表妹在北京的第一份工作是销售,每周只能休息一天,每天早9点半到晚8点半。那次大兴火灾,着火的公寓离她租住的地方很近，这种幻灭感让她崩溃了……表妹不知道自己怎么过来的,她跌跌撞撞地敲开我家的门。她说:“姐姐我好害怕,接下来会发生什么事情……这就是北京吗？”

我拿了一个手巾，让她擦擦脸，等她情绪平静下来的时候,我说:“你要是怕,回去吧。在家什么都不必做——哪怕手机没钱了,说一声父母都自动充值,一个女孩,当地有个三四千的工作,父母再给你交上保险,也是可以的。”

没想到她瞬间停止抽泣,她说:“我当然会害怕——是人都会怕的,我是怕,但我没有说过,我要放弃啊。”

是啊,为什么因为害怕就要放弃？

3

“不折腾”这三个字有巨大的魔力,它统治了我们30岁之后的人生。难怪有人说,很多人30岁就死了,只是80岁的时候才埋葬而已。

的确,30岁的时候,我发现,我的人生和我的周遭,很多事情都在经历着某种量变到质变的过程。亲人离去、爱人分手、友人背叛、事业重来……这些事情,很多人在这个阶段都或多或少的遇见过。

朋友菲儿最近一直都被危机感笼罩着,因为到了30岁了,不光是家里人带给她的压力,跟她关系要好的同事们也一直追问她什么时候结婚,这在无形中给她造成了巨大的压力。

一个女人到了30岁还没有结婚,或没有可以结婚的对象,周围的人是不会放任你不管的。

如果不是当事人,很难体会这种压力有多么可怕,到了这时,菲儿自己也不知道到底该以怎样的姿态生活下去。就在她彷徨的时候,她的企划案又遭到了拒绝,真可谓雪上加霜啊。

以前也有过这样的事情,当时菲儿虽然不高兴,也觉得有点伤自尊,但还可以坦然地向对方祝贺然后笑着离开。但这次不同,上司虽然也称赞菲儿的企划案非常不错,可是她一句都听不进去,反倒有一种无法抑制的不安涌上心头。

她坚持认为这件事情已经暴露出了自己的极限与无能,而且她还把问题归咎于自己能力欠缺,因而在竞争中输给了对手。在这样的心理作用下,她陷入了深深的不安……

其实，生活没有那么复杂，我们也不必有如此多的顾虑。我们需要在某个时间点上静下心来，去思考解决的办法。

认识到了这一点之后，每当恐惧袭来时，菲儿就会安慰自己说："那种事情不会再发生了。"与此同时，她的害怕也就离她而去了。

4

琳在同学聚会上遇到了中学时候暗恋的同学，一聊之下，才发现对方如今已经是精通几门外语，却依然出国深造的翻译，他对琳说起这些年的所见所闻，有仅仅因为对这个领域感兴趣，而和年轻人一起听课，一起做作业的50岁大叔；有旅居他乡十几年，从餐馆跑堂做起，直到拿下两个硕士学位的80后女孩……

琳忽然觉得自己的生活是那么的狭隘，之前为了这次聚会精心准备的套装、手袋，在初恋情人的理想和激情面前，惨败下阵。

那以后，琳开始报名攻读她以前的专业，拿下了工商管理的学位，她不再把钱花在昂贵的美容保养上，而是参加各种户外运动，培训机构……

我开玩笑说："你做这一切是为了他么？"琳笑着说："你想到哪去了，我只是忽然觉得，哦，原来30岁没有这么可怕，跨过这条线，我们依然可以保有梦想、激情，以及对生活的热爱。"

其实，那些对于年龄的恐惧只是我们的作茧自缚而已。不论20岁、30岁，抑或70岁，只要我们还保有梦想、有激情和改变现状的勇气，以及对未知世界的渴望，那么我们的生命就依然朝气蓬勃。

30岁只是人生中的第一个闹钟而已，之后我们还会遇到很多次这样的时刻，这么一想，它好像也没有什么大不了的。

呵，其实，你走不走，时间还是会走。与其害怕，不如摸黑前行，锻炼自己适应并抗争恐惧的力量。

我过得很好，因为好生活真的没那么贵

1

我们经常看重某些东西，是因为它们花了很多钱，而不是因为它们带给你满足和快乐。我们用价格标签或品牌名称来鉴别某物，却忘记了关注它是否真的能让你开心。

我一个朋友苏珊对我说："明知道一个名牌的包包等于几个月的工资，还是要买。因为在乎面子，在一群被名牌武装起来的同事中间，如果你穿得普通，感觉很不合群。"苏珊在

上海的一家外企工作，各种奢侈品牌的化妆品、服饰、包包等，公司俨然成了秀场。来自香港、台湾的同事，对名牌货更是青睐有加——穿名牌不是新闻，不穿名牌才稀奇。有条件要买，没有条件创造条件也要买。

什么是“名牌货”？就是用买十头牛的钱，买到不用半张牛皮就可以制成的皮包。而对于很多女人来说，拥有这些东西的秘诀，就是省吃俭用N个月，然后为购置一件带有奢侈标志的东西而刷光卡里的钱。

当然，每个人爱名牌的原因都是不一样的，有的人，喜欢名牌，而且酷爱一个牌子，到了“非君不买”的地步，这样的人，骨子里常常是非常追求完美的。仔细观察她们的生活，你会发现，她们其实活得挺累，因为她们内心容不得半点瑕疵或者遗憾。

还有的人，绞尽脑汁，千方百计地堆砌名牌，直到周遭的人全都开始关注她们的表演。

说到底，其实她们的名牌是拿来喂养别人的眼睛的。

自我评价低的人，无论怎么装饰自己，也很难产生“名牌效应”。

服饰的流行是没有尽头的，永远都有无数的服装设计师在年复一年地设计新的时尚，拥有一个价值连城的物件，固然是幸运之事，但若这件身外之物给你的心灵带来负累，给生活制造了重重麻烦，真的不如不要。

2

小美是个前卫的漫画师,穿衣服一直不讲风格,只讲喜欢,因而看到喜欢的就买。衣柜里衣服很多,每年也都会有新的来,旧的去。但总有几件多年一直在穿,即使穿破了也舍不得丢掉的衣服,哪怕自己动手打几个补丁,小美也没舍得扔掉。

"舍不得丢掉,是因为喜欢它。"小美说,"其中,有两件是我经常穿的,也是最喜欢的。到现在已经8年多了。"

小美在穿衣服方面是个喜新厌旧的人,但这两件越穿越喜欢,她说,再也找不到比这两件更舒服、更好看的衣服了。因为洗的次数过多,有些地方已经磨损,只好补了又补,即使衣服破旧成这样了,小美还是没舍得换掉。

对衣服的珍惜发自内心,只因为真的喜欢。

人生,很多时候只有失去了一些东西或许才会珍惜现在拥有的,就如你扔掉一些不穿的衣服你才会对留下的衣服更加珍惜一样, 而幸福的人不会为了幸福去追求自己没有、别人拥有的东西,恰恰相反,他们以自己已经拥有的为幸福。

3

10年前的我,第一次来到北京,杂志圈的一个朋友接我,三个人一起去东直门吃火锅，还没有吃饱，就花了500多块钱。我心中的郁闷,真的无以名状。当时就一个感觉,认为只有有钱,生活才叫生活。

后来,我的工作还不错,被压抑的物欲就爆发了。又因为我什么事都习惯自己做决定,所以我开始大量购物,尽量让自己看上去像活得比较自在的那种样子,印象比较深刻的一次是,我曾经在早上5点多跑去动物园批发了两箱子衣服,司机说:“这么早做生意好辛苦啊！”我答:“我自己穿的……”司机久久都没有说话。

当然想想,这一切其实也都不过分,对于女生来说,我谈不上是很富裕的生活,但是,我也是在自力更生的基础上,让自己过得相对舒服。我的享受心是很强的,希望自己舒服,但谈不上要奢侈。我认为人生之中必须拥有的事物很多,比如,舒服的房子、床,漂亮的衣服,舒服的椅子,等等。

就这样,拿我的衣服来说,一边是越来越满的衣柜,一边是压抑不住的购买欲望。不论衣服再多,买的行为永远在继续。

后来,我也渐渐的知道,没有什么是可以真的“拥有”。一切都只是“经历”。买一样东西,因为它在某个时间满足了某个功能,时间过了,功能满足,那就挥手道别,这样东西的价值也就够了。而那些每天放在房间里面的东西,朝夕相处的,就尽量是可以相伴一生的物件。

对于还在租房的我来说，真正能相伴一生的东西是非常少的。

我并非想说，当我们需要鞋子时不能买新鞋，或者一次次地用物质犒劳自己是不对的，我的意思是，快乐的关键在于你要更深地了解，请你想一想，在当下，什么东西是对你真正重要的呢？

当你想到那件物品时，你会有一种强烈的兴奋感；没得到它时，你几乎痛不欲生；一旦得到了，你马上感到突然的满足和愉悦。但你要知道，你不是因为得到它而愉悦，而是因摆脱了欲望的痛苦而愉悦——当可怕的痛苦终结，怎么会没有强烈的愉悦呢？

愉悦，其实来自摆脱痛苦后的感激，而不是那东西本身。

对于我自己来说，我希望我的物质生活，以及我的外表可以代表我所生活的状态；代表我的精神世界；代表我目前的收入水平。

我希望我的朋友们不至于揣测我的吃穿用度，知道我不浪费也不奢侈就好；我希望我自己表里如一的干净、整洁、质朴，而非奢华闪耀。我希望朋友们明白，我过得很好，但好生活真的没那么贵。

Chapter 2

一直陪着你的，是那个了不起的自己

那些你以为不可能会发生的故事，真的就会在世界的某处发生；那些你以为自己一个人走不完的长路，竟然已经来到这里。这个世界也许危险，你的经历也许不完美，但你够勇敢。

你所谓的极限,不过是别人的起点

1

有一个正在巡回表演的马戏团,成千上万的观众被它吸引,更令人拍案叫绝的是马戏团中一只大象的演出。

有一个少年特意跑到马戏团的后台,为了能够更近距离地看看大象,他到处找大象栖身的地方,那里刚巧没有其他人。但是,他发现那头大象被一条普通的绳子缚在一根木头旁,他感到很奇怪。

少年好奇地问一位驯兽师:“先生,为什么只用一条绳子便能制伏这么巨大的象,难道不怕它用力一拉便逃走了吗?”

“你不了解吧!”驯兽师笑一笑,回答他,“当它还小时,我们用大铁链把它锁着,每当它想逃走时,它只要用力一拉,铁链便会使它痛得动弹不得,久而久之,每次当它想到用力拉就会受到之前疼痛的影响,最后,它便放弃了挣脱。所以,即使现在我们只用一条绳子拴着它,它也不再相信自己可以逃走了。”

现实生活中,是否有许多人也像大象一样?年轻时意气风发,屡次去尝试着实现自己心中的梦想,但是往往事与愿违。在经历过多次的失败打击之后，他们便消极起来，不是抱怨这个世界的不公平，而是怀疑自己的能力。他们不是去努力寻找新的奋斗目标、追求突破，而是一再地降低自己的人生目标——即使原有的一切限制已取消。

“大铁链”虽然被换掉，但他们早已经痛怕了，不敢再尝试，或者已习惯了，不想再跑了。人们往往因为害怕而放弃追求成功，甘愿忍受失败者的生活。

难道大象真的不能挣脱绳子的束缚吗？绝对不是。只是它的心里已经接受了“这根绳子的强度是自己无法挣脱的”这个现实。

2

一只长年生活在一口小圆井底下的小青蛙，它住的那种水井，就像你常常会在农家小院看到的一样。小青蛙和家族世世代代一直住在那里，它也很满足于在水里嬉戏，绕着这口水井游泳。它常想着，我的生活不可能比现在更好，因我已拥有了一切所需。

但有一天，它抬起头看并注意到了井上面的光线，小青蛙好奇了起来，它开始猜想上面会有什么东西。它慢慢地沿着井壁往上爬，当它爬到井口时，它小心地沿着井边往外看，仔细一瞧，它首先看到了一个池塘。它简直不敢相信，这池塘可比自己住的那口井大上好几千倍！它继续往前冒险，发现了一个大湖，于是它惊讶地瞪大眼睛站在那儿。小青蛙继续沿着湖边往前爬，终于有一天，小青蛙历尽艰险，长途跋涉来到海边，目光所及之处，尽是一望无际的汪洋，它的震惊难以形容。

这个故事我们都很熟悉，但是你是否深入思考过，其实，你也像是“坐井观天”的小青蛙。20多岁的年纪，就认为，自己已经达到了人生的巅峰，达到了生命的极限，不可能再有更大的成就了，永远做不成什么大事，无法成就什么……

一个人，无论他的能力多么突出，才华多么出众，学识多么渊博，但最终决定他能否成功的却只有一个因素——他的心理高度，即他认为自己能取得多大的成就。

3

一位士兵有一次给拿破仑送信，由于过于匆忙，在他把信件送到之前，所骑的马就摔死了。

拿破仑口述完回信之后，将信交给这位士兵使者，并命令他骑上自己的马，尽可能快地将回信送过去。这位士兵看着这匹戴着极好马饰的高贵马，说道：“将军，这匹马对于一名普通的士兵来说太豪华、太高贵了。”拿破仑说道：“相比较法国士兵来说，没有什么东西太豪华，或太高贵。”

世界上到处都是像这个可怜的法国士兵一样的人，他们认为别人拥有的东西对他们来说都太优秀，与他们卑微的身份不相称，他们不应该享有同样优秀的东西。他们意识不到，恰恰是自己这种妄自菲薄的态度削弱了自己的意志力。他们对自己没有足够的自信，没有足够的期望，也没有足够的要求。

如果你自认为是侏儒，只期待渺小的事情，你永远也不可能成为巨人。雕像永远只会像模特儿，而模特儿就是雕像的心理极限。

溪流的流向永远不会高于它的源头。

你所谓的极限，不过是别人的起点。

如果我只给青年们提一条建议，这将会是："尽可能地相信自己。"也就是说，相信命运就掌握在你的手中，相信一旦内心力量被唤醒、被激发、被开发，你就能活得更好。

不是与众不同的才叫优点，不是别人没有的才叫资源

1

小骆驼随妈妈走出沙漠，看到马、牛、羊后，觉得自己浑身上下的东西都不如其他伙伴那么好，情绪很低落。就问骆驼妈妈：“妈妈，为什么我们的睫毛那么长，都挡住眼睛了，好难受呀！”

骆驼妈妈说：“当风沙来的时候，长长的睫毛可以帮我们挡住风沙，让我们在风暴中都能睁开眼睛看清方向，不会在风沙中迷路。”

小骆驼又问：“妈妈，为什么我们的背那么驼，好丑啊！”

骆驼妈妈说：“这个叫驼峰，可以帮我们储存大量的水和养分，让我们能在沙漠里不吃不喝走十几天。”

小骆驼又问：“妈妈，为什么我们的脚掌那么厚，好笨呀！”

骆驼妈妈说：“厚厚的脚掌可以让我们重重的身子不至于陷在软软的沙子里，便于我们在沙漠里驮着一大堆东西走远路啊。”

小骆驼听完后，开心地对妈妈说：“哇，原来我身上的这

些东西这么有用啊！我再也不担心去沙漠里了。”

在现实生活中，很多人与这个寓言故事里的小骆驼一样，看不到自己的优点和资源，情绪低落，缺乏自信和勇气，一直徘徊不前。

2

小李是一个20多岁的北漂女孩，普通大学毕业。一段时间郁郁寡欢，眼睛里面没有年轻人应有的光芒。

一天，我与她聊天的时候，她叹息说自己水平差，没能力，没有什么前途。我提醒她保持自信，不要看不到自己身上的优点。

她摇摇头：“我哪里有什么优点呀。”

“你没有什么优点，那你有什么缺点呢？”我问。

“缺点？好多呀。”小李随口就说出了一堆缺点：“我的学历低，学的专业不热门，人又不聪明，反应慢，外语水平低，工作的经验少，脾气急，容易和别人吵架……”

“如果你没有优点，难道你的老板是个大笨蛋，雇用你这么一个没有优点，只有缺点的人吗？”我提醒她，“你再想想自己的优点。”

“嗯，”小李想了想，“可是，我真是想不出自己有什么优点。”

“你还很年轻，而且很健康，这不是你的优点吗？”

“这也算优点？别人都一样呀！”小李反问。

“这对你是不是好事？”我问，“你身上的特征，对你有好处，当然是优点，难道是缺点吗？”听我这么一说，小李觉得有道理，点点头。

随后，在我的启发下，小李明白了，自己身上确实有很多优点。工作踏实认真，会虚心接受批评，对朋友很友好，业余时间经常看书，会主动想办法改进工作的质量……

像小李这样的人很多，因为自己的一些不足、不顺，就把自己看扁了，看不到自己的优点，看不到自己拥有的有价值的资源。因此没有自信，缺乏挑战的勇气，不敢迈步向前。

即使嘴上说自己有自信，也只是虚张声势，是自欺欺人的泡沫，精神脊梁挺不起来。

3

要看到自己身上的亮点，你需要在两个方面保持清醒。

第一，不要把自己和其他人都拥有的不当一回事，也不要只把与众不同的专长当成自己的亮点；

第二，不要因为自己在一些方面有缺陷不足，就看不到自己身上的亮点。

遵守时间，工作踏实，对人友善，能够接受别人的意见等，这些都是应该做到的，也是很多人都做到了的。如果你做到了，这些就是你的优点——并不因为这是应该的，就不是优点；也不会因为别人也有这些优点，就不是你的优点。

同样，每个人都有一些有价值的资源，对自己的未来有好处，能够给自己的工作、生活提供有力的保障，能够为自己的未来创造更多的价值。

例如年轻，身体健康，有一项专长，有某种经验，就是很有价值的资源。因为拥有这些资源，你就有在大江南北漂泊闯荡的资格，就有寻找新机会的实力。虽然身边很多人都有这样的资源，你的这些资源的价值并没有因此打折扣。只要你应用好了，就能给你带来很好的回报。

4

西方有一句俗话，“上帝从不偏心，我们是用同样的黏土捏成的。”既然是用同样的黏土捏成的，你的一些优点很多人都有，你拥有的一些资源很多人也拥有，这很正常。但是，你自己的优点就是你的优点，你拥有的资源就是你的资源。只要应用好了，就能对你的未来发挥很好的作用。

每个人都有这样那样的缺陷和不足，有一些缺点很明显，很重要，如同木桶原理中最短的那块木板。学历偏低，学的专业不好，工作经验少，等等，是草根一族常见的短板，很多人的生存发展受到这些短板的制约，这是事实。但是，不管这些短板对你的影响多大,你的优点、你的资源依然存在,依然对你有积极的作用。

而且,很多事物都是正反两方面的,不仅要看到不利的一面,还要看到有利的一面。就像四处漂泊,虽然长年四处漂泊不是好事,但是至少说明,你还有能力去闯荡天下,还有实力去寻找新的机会。因此有人说,漂泊不是一种不幸,而是一种资格。在年纪不太大的时候,这确实是一种资格,是实力托起的资格。

不要看不到自己身上的亮点,不要丧失精神脊梁的根基。即使你很平凡,你的身上都会有很多亮点,不要忽视。

睁开你的心灵慧眼吧,你身上确实有很多的亮点,值得自己依托,甚至值得你引以为傲。要看到这些亮点,不要丧失挺起精神脊梁的依托。

要明白,不是与众不同的才是优点,不是别人没有的才是自己的资源。

事实上,很多取得卓越成就的成功人士,并没有什么独特的专长,也没有什么特别的资源,只是保持了一份自信,将自己拥有的优良素质和资源充分地利用起来了,在人生旅途上发出了灿烂的光芒。

除了自己,没人能让我们贬值

1

在某个偏远小镇,有个女孩从小失去了父亲,与母亲相依为命,靠给人做手工维持生计,生活非常艰难。女孩长到18岁,还从来没有穿过漂亮衣服,没有戴过名贵首饰,一直过着贫寒的生活,所以她非常自卑。

在她18岁时圣诞节那天,妈妈破天荒的给了她20美元,让她给自己买一份圣诞礼物。她兴高采烈地跑出去,想去对面商店为自己买一件称心的礼物,却没有勇气走宽阔的大路,因为那里人太多,她害怕别人瞧不起自己,于是,她紧攥着手里的钱,悄悄绕过人群,贴着墙根朝商店的方向走去。

一路上她不断偷偷打量路过的人们,她想别人都比自己过得好,自己是小镇上最贫穷、最寒碜的女孩。当看到一位英俊小伙子路过时,她想,今晚不知道哪个女孩会幸运地成为他的舞伴呢。就这样胡思乱想着,她终于来到了商店门口,一进门就被琳琅满目的发饰吸引住了,她从来没见过这么漂亮的东西。在她对着这些东西发呆时,售货员说:“姑娘,你的头发真漂亮,如果配上这朵头花一定会更漂亮。”女孩还没回过神来,售货员已经把头花戴在了她的头上,然后拿来镜子给她照，哦，她简直认不出自己了，像是一下从丑小鸭变成了白天鹅。一朵小花竟有这么神奇的效果。

头花的价格是16美元，她毫不犹豫地付了钱。怀着无比激动的心情跑出商店，不料被迎面进来的一位绅士撞了一下，绅士连忙道歉，她没有顾上这些，一溜烟地跑了出去。

出了商店之后，她不再沿着墙根走，而是昂首挺胸走到了大路中间。在她穿越人群时，人们向她投来羡慕的目光，然后听到人们议论说："真没想到小镇上还有这么漂亮的姑娘！"她心里高兴极了，因为从来没人夸过自己美。

当她再次遇到刚才那个英俊小伙子时，居然听到他对自己说："不知道今天晚上能不能邀请你做我圣诞舞会的舞伴呢？"她简直心花怒放，心想，索性回去，用剩下的4美元再为自己买点东西吧。于是，她又匆匆跑回商店，此时，那位绅士正站在门口，见她跑过来，就大声说："我知道你会回来的，刚才你出门的时候，把头花撞了下来，我一直在这儿等你来取。"女孩愣住了！

真的是一朵头花弥补了这个女孩生命中的缺憾吗？其实，弥补缺憾的是她自信心的回归。

2

一个小男孩，很想当画家，却一点主见都没有，而且还不自信。每画完一幅画，他都要问家人，画得怎么样，哪些地方需要修改。这天，他又完成了一幅有山、有水、有屋子的画，拿给家人看。

爸爸看了他的画，遗憾地说："哦，画得有点僵硬。应该把房子的颜色改成白色，那样会显得高贵一点。"男孩听了，就按照爸爸的意见做了修改。

然后，他又把画拿给妈妈看，妈妈看完，抚摸着他的头说："颜色太单调的东西没人爱看，你应该改得艳丽一点。"男孩又采纳了妈妈的意见。

当哥哥看到他的画的时候，建议道："我爱看抽象画，不如把你的画改得更加抽象一点吧！"男孩赶紧按哥哥的意见改成了抽象画。

当男孩把画拿给姐姐看的时候，姐姐惊叫起来："你拿张被染料弄脏的破纸给我干吗，别弄脏了我的衣服！"

小男孩摸了摸脑袋，怎么也想不明白，明明是一幅有山、有水、有屋子的画，怎么就变成一张脏纸了呢？

小男孩把时间花费在采纳别人的意见上，他想采纳别人的意见让自己的画更完美，可遗憾的是，偏偏每个人的意见都不同。别人的意见不仅没有帮助他得到提升，反而让他好好的一幅画变成了废纸。一味听信于人，让他丧失了自己。他能成为一个画家吗？显然不可能！

想一想，你是否也跟这个小男孩一样，没有自己的思想……好不容易找到了一份自己喜欢的工作，因为朋友一个鄙夷的眼神，你便对工作失去了信心；好不容易结交到一个心仪的另一半，就因为父母一句不满意的话，结果断送了一桩美好的姻缘。

没有思想、没有主见的人在生活中很容易吃亏上当，在工作中不容易做出成果，因为这样的人永远都是“任人摆布”，你说什么，我做什么；你说怎么做，我就怎么做；你说不做，我就不做。不知不觉就把自己的一生交付给了别人。

要知道，成功的人都是善于“摆布”别人，而不是被别人“摆布”的人。

3

高考时，我没发挥好，名落孙山。看到同学们奔向向往的大学，羡慕不已。我想复读一年再好好考个大学，可家里的条件有限，父亲说：“谁让你不好好读书，也就是这个命了！你也别太伤心，我会托人给你找个工作！”语句中有一些埋怨，也有一些安慰。

通过多层关系，父亲为我找了一份自来水公司开票的工作。单位负责人说，他们需要的人，勤快比学历更重要，好好干，过几年还可以转为正式职工。

这个工作在小县城来说，已经很不错了。可是这不是我的理想，我想要自学感兴趣的专业。于是，我走亲访友，借了一大笔钱，跟一个北大的同学来到了北京。

起初，每次假期我回家一次，父亲就骂我一次。“你这孩子主意太大了！不知天高地厚，将来没人能为你负责的！”父亲愤愤地说。

“我不要别人负责！”我这样回答，一边学习，一边找了份兼职工作，大部分学费都已经自己解决了。

后来，我顺利通过了自学专业的测试，现在已经是好几家公司的顾问。要是当初不是我自作主张地进京，现在的我，可能还是一个自来水公司的普通职工，尽管工作稳定，但并不是我想要的。

所以，告诉年轻朋友们，自己的事情要敢于自己做决定。

可能你会说：“我也想自己拿主意，有自己的主见，可是我真的很害怕选择失误，怕做错事，那样的话，还不如听别人的意见呢。”

当然，别人的意见能让你全方位、客观地认识问题，采纳他人建议也未尝不是一件好事。只不过，如果每次一遇到事情就依赖别人，自己主动放弃发言权和决策权，久而久之，你就会变成一个没有主见、受别人意见摆布自己命运的人。

俞敏洪说，人活着可以有两种方式，一种是像草一样活着，你尽管活着，但由于你的自卑，你只能匍匐在地，脚步轻易踩过你，人们不会因为你的痛苦，而产生触动，也不会因为你被践踏，而怜悯你，因为人们本身就没有看到卑微的你。所以我们每一个人，都应该像树一样的成长。

即使你现在什么都不是，但是只要你有树的种子，即使被踩在泥土中，你依然能够吸收大地的养分。当你长成参天大树以后，在遥远的地方，人们就能看到你。

生活对谁都是公平的，如果你想有所作为的话，就必须树立强大的自信心，敢于坚持自己，因为别人的看法和态度永远都代表不了你，也否定不了你，只有自己最了解自己。

不论男人还是女人，不能总活在别人的目光里。忽左忽右，会丢失自己，因此，你要抛开别人的看法，一定要相信自己。不论美或丑、胖或瘦，相貌出众或普通，都要活出一个真实的自我。除了自己，没人能让我们贬值。

天下没有怀才不遇这回事

1

有一棵草，气急败坏地质问锄地的农夫："瞧瞧你都干了些什么！你了解我的价值吗？我给人类带来了清新的空气，给大地带来了生命的绿意，我保护着泥土不被雨水冲刷，我让世界充满了生机……在千里沙漠，在茫茫戈壁，人们会因为有我的身影而欢呼雀跃，而现在，你竟然愚蠢地要除去我！"

农夫回答草说："可惜你偏偏长在了我的麦田里！"

看了这个寓言，你的内心是不是感慨万千呢？的确，在现实生活中，也有这样的一些人，他们有丰富的工作经验，但工作业绩却一直平平；他们具有吃苦和打拼的精神，但每每都以失败告终；他们满腹才华，却平庸地度过了一生。

命运似乎在捉弄着这些人，殊不知决定他们命运的正是他们自己。

因为，一个人成功与否，很大程度上取决于他是否能发现自己的优势，并将它发挥出来！知道自己的优势是什么，并在自己的生活和工作中发挥出来，这样你才会成功。

2

成功者常常说:“天下没有怀才不遇这回事。”某知名80后作家说得更俏皮:“怀才就像怀孕，日子久了迟早会被发现。”但为什么很多人日复一日,年复一年地囿于“怀才不遇”的怨恨与叹息中呢?

张岩大学毕业后,凭着自己在学校的优异成绩,进入了一家合资企业工作,预计在5年内升为公司部门经理。

雄心勃勃的张岩进入公司后准备大干一场,企业的文化提倡民主,提倡基层员工与管理层平等对话和沟通,她对此非常认同，就常常根据自己的看法向部门老板提一些意见，而部门老板也的确是一副虚心好学的态度，非常耐心地倾听。可是过后,张岩却很少得到及时反馈,她就认为部门老板不是虚心接受,而是坚决不改。

于是,张岩就不再提意见,而是开始发牢骚。时间一长,她的工作满意度开始下降,工作也经常出错,遭到老板的多次批评。不久,公司解聘了她。

张岩自我安慰地说,换个工作环境也好,不久进入一家外资公司。可没过多久,她发现这家公司的管理跟以前那家不能相比,日常运作存在太多问题。一时间爱抱怨的毛病又上来了,为此还跟顶头上司发生了几次争执。这次她不等被解聘,就主动提交了辞呈。

就这样，5年的时间里，张岩换了数十个工作，每次都是发现新公司的一大堆毛病，抱怨越来越多，自己当初的“职场晋升”计划成了一场竹篮打水。

我们不能借口运气不佳就不去成长，那背离了自己生命的本质，是消极厌世。你或许无法获得辉煌的成功，但一定要以一颗平常心面对这浮躁的世界，踏踏实实地成长，一步一个脚印地走好人生路。

3

我有两个朋友——甲与乙，他们少年时，经常逃课、上网，从不认真学习，等到高考的时候，二人的成绩均为一般，与名牌大学无缘，而是进了一所普通的大学。

甲依然像以往一样，上网、睡觉——游戏人生，总之，他的生活依旧很堕落、散漫。

乙却厌弃了这样的生活，他问甲：“难道我们就只能这样下去吗，难道我们就没有其他的选择了吗？”

甲说：“看看我们周围的同学，他们不都是这样吗？这就是我们人生的现状，不这样下去，又能怎样呢？”

乙说：“但我一定要改变，我要崛起。”

甲听了，嗤之以鼻，说：“要知道，即使你成了本校的第一名，在名牌大学中，你的成绩依然是倒数。放弃吧，人要认命，我们已经没有什么前途了。”

但乙心意已决,他开始认真学习,用更多的时间沉浸于书海之中。他相信:“习惯都是养成的,坏习惯如此,好习惯也是,而我只有养成了好习惯,才会得到美好的人生。”

转眼间,3年过去了。甲与乙毕业了,又同时进了一家公司。

甲对乙说:“看一看吧,名牌大学的学生就是和我们不一样,他们一毕业就拥有比我们更好的工作,得到更多的瞩目与青睐。”

为此,甲常在人前人后感慨:“如果在学校时好好学习,天天向上,到现在我也不会沦落到这种地步了。”

乙却说:“亡羊补牢,为时不晚。如果我们从现在开始勤学与奋斗,那么,明天我们一定会拥有更成功的人生。”

甲说:“晚了。”

乙说:“不晚。”

他们按照各自的认知工作着,5年后,甲依旧是一名普通的员工,而乙却成了公司的一名经理。

不论你是什么人,不论你做着什么,对你而言,机会总是有的。在贫穷中,你有让自己变得富有的机会。在失败中,你有让自己变得成功的机会。在渺小中,你有让自己变得强大的机会。

跌倒并不等于失败,最大的失败是跌倒后再也爬不起来。

不幸并不等于可怜，最大的不幸是只会叹息自己的不幸,而没有改变的思想与力量。

如果你无论如何也要上楼，请立刻去给自己搬把梯子

1

深夜，一个危重病人迎来了他生命中的最后一分钟,死神如期来到了他的身边。在此之前,死神的形象在他脑海中几次闪过。他对死神说:“再给我一分钟好吗？”

死神回答:“你要一分钟干什么？”

他说:“我想利用这一分钟看一看天,看一看地。我想利用这一分钟想一想我的朋友和我的亲人。如果运气好的话,我还可以看到一朵绽开的花。”

死神说:“你的想法不错,但我不能答应。这一切都留了足够的时间让你去欣赏,你却没有像现在这样去珍惜,你看一下这份账单:在60年的生命中,你有一小半的时间在睡觉;剩下的30多年里你经常拖延时间;曾经感叹时间太慢的次数达到了10000次,平均每天一次。上学时,你拖延完成家庭作

业;成人后,你抽烟、喝酒、看电视,虚掷光阴。

"我把你的时间明细罗列如下:做事拖延的时间从青年到老年共耗去了36500个小时,折合1520天。做事有头无尾、马马虎虎,使得事情不断地要重做,浪费了大约300多天。因为无所事事,你经常发呆;你经常埋怨、责怪别人,找借口、找理由、推卸责任;你利用工作时间和同事聊天,把工作丢到了一旁毫无顾忌;工作时间呼呼大睡,你还和无聊的人煲电话粥;你参加了无数次无所用心、懒散昏睡的会议,这使你睡眠远远超出了20年;你也组织了许多类似的无聊会议,使更多的人和你一样睡眠超标;还有……"

说到这里,这个危重病人就断了气。

死神叹了口气说:"如果你活着的时候能节约一分钟的话,你就能听完我给你记下的账单了。哎,真可惜,世人怎么都是这样,还等不到我动手就后悔死了。"

拖延真的是浪费时间、浪费生命。

2

星期一早晨,你又为起床感到费劲,你觉得这对你来说太困难了;

洗衣机里已经塞不下你的脏衣服了;

你明知道染上了一些恶习,例如抽烟、喝酒,而又不愿改掉，你常常跟自己说："我要是愿意的话，肯定可以戒掉"；

老板布置的工作，你觉得可能做不完，或是今天太疲劳了，不如明天早上来了再做，那时可能精神更好；每当接受新的工作时，你总是感到身体疲惫；

你想做点体力活，如打扫房间、清理门窗、修剪草坪，等等，可是你却迟迟没有行动，你总有各种各样的原因不去做，诸如工作繁忙、身体很累、要看电视，等等；

你曾经由于迟迟不敢表白，而让心爱的女子成了别人的妻子，自己总是暗暗伤怀；

你希望一辈子住在一个地方，你不愿意搬走，新的环境会让你头疼；

总是制订健身计划，可你从不付诸行动："我该跑步了……从下周一开始……"；

你答应要带你的宝贝去公园玩，可是一个月过去了，由于各种原因，你还是没有履行诺言，你的孩子对你已经失望至极；

你很羡慕朋友们去海边旅行，你自己也有能力去，但总是因为这样那样的借口而一拖再拖。

对于像你这样喜欢拖延的人来说，常把"或许""希望""但愿"作为心理支撑的系统。而你所谓的"希望""但愿"在我眼中简直是希腊神话，浪费时间的借口俯拾即是。无论你如何"希望"或是"但愿"，很显然，你只不过在为自己的拖延寻找借口罢了。

我常常会听人说：

“我希望问题会得到解决。”

“但愿情况会好一些。”

“或许明天会比较顺利。”

事实上，你的情况有所好转么？你依旧是给自己找到逃避痛苦的借口罢了。你这是在欺骗自己，不要再煞费苦心地寻找拖延的理由了，你知道，生命对于我们而言总是有限的。

在我看来，你确实可以做些事情，但是你却没有。对时间的拖延导致你现在依然处于最底层，你羡慕那些成功的人，他们的生活丰富多彩，到处旅游享受天下美食。而你自己不知道其实你也可以像那些成功的人一样，但是你被拖延所连累。你厌倦生活，你抱怨客观环境令人讨厌，例如：“这个工作太麻烦了”或是“这个城市我真是待烦了”等。对生活的厌倦，会令你很熟练地拖延时间，只是无底的深渊将是你的归宿。

3

10年前的一天，我发现我的朋友朱迪脸色非常不好，她总是觉得很疲惫，感到心脏好像有问题。我劝过她应该去医院，但是她被各种各样的借口所拖延，一开始她说有重要的工作要做，平时还要参加各种应酬，没有时间。结果工作任务一个接着一个，应酬也不间断，就这样，她一直有各种理由不去医院检查。一年后，她因心脏病突发抢救不及时，在去医院的路上就永远离开了这个世界。

你有没有想过自己到底在拖延什么？你觉得自己吃得总是很多，美食的诱惑令你欲罢不能，你总是说吃完这顿再说吧。可你是否想过，如果一直这样下去，你的身材将变得愈加臃肿，你会被路人指点，你也许会因此失去心爱的恋人，你甚至连公共汽车的座位都挤不进去；你经常对自己的工作拖拉，你可能觉得这样得过且过比较轻松，可事实上，你不知道你正面临失业的危险。

有一位记者朋友将拖延的行为生动地比喻为“追赶昨天的艺术”，我觉得拖延同时也是“逃避今天的法宝”。有些事情你的确想做，绝非别人要求你做，尽管你想，但却总是拖延下去。你不去做现在可以做的事情，却想着将来某个时间来做。这样你就可以避免马上采取行动，同时，你安慰自己并没有真正放弃决心。如果我没猜错的话，你会跟自己说：“我知道我要做这件事，可是我也许会做不好或不愿意现在就做。应该准备好再做，于是，我当然可以心安理得了。”每当你需要完成某个艰苦的工作时，你都可以求助于这种所谓的“拖延法宝”。

4

日本松下集团的创始人松下幸之助就是一个从不找借口、拖延的人,他对自己如此,对员工也是同样的要求。他不允许下属为工作上的失误找各种理由,要求他们承认自己的错误,发现工作上的问题。这样做使得整个松下集团从上到下都很少有找借口、拖延的风气,所以,他们成为日本的精英企业并不为奇。

松下幸之助曾经以一段话强调行动与成功的关联性,他说:“如果抱有‘无论如何就是想爬到二楼’的热忱,也许会想到必须先拥有一把梯子。但是,只是觉得‘想上去看看’而已,就不会想到要有梯子这回事。如果是到了‘无论如何就是想爬上去,唯一目的就是到二楼’这种程度的热忱时,应该已经去搬梯子了吧!”

所以,想要获得幸运的成功契机,我们现在该思考的,恐怕不是我们拥有的梦想是什么?而是我们应该如何去实现我们的梦想才对。

人生有梦,筑梦踏实。把梦想一步一步的踏实了,成功的样貌就会一点一点地出现。

很多人都有梦想,但是如果梦想永远只停留在空想的阶段,便无法转化为任何成就。想要真正成为一个梦想成真的幸运儿,就别光是坐着空想,赶快锁定目标开始积极去行动吧!

别让借口成为你的绊脚石

1

“没有任何借口”是美国西点军校最重要的校训之一。它要求：任何人，要尽自己的最大力量担当个人责任，而不要找任何借口推诿责任。

格兰特将军是美国西点军校的毕业生之一。在南北战争时，美国总统林肯曾经找过多名指挥官担任联邦军队的总指挥，但都以战败告终。直到他任命格兰特为统帅，联邦军队才捷报频传，取得了最后的胜利。

在谈到取得胜利的原因时，格兰特只说了一句话：“没有任何借口！”

他还曾对人们在工作中找借口的现象做了分析，发现人们找借口主要有两种情况。

第一种情况：工作还没有开始，就找借口为自己开脱，其实是根本“不想去做”；

第二种情况：开始也努力，但是一遇到困难和问题就退缩和放弃，之后找个借口让自己对这份退缩和放弃心安理得。

在有关他的传记中,记录了这样一件事。

格兰特第一次带领一支部队与敌军交战,当快接近对方阵地时,他紧张得心都要从胸口跳出来。他认为对手比自己强大,真正较量的话,自己有可能失败,甚至丢掉性命,所以,他一次次想给队伍下令停止前进。

但是,西点"没有任何借口"的理念,促使他硬着头皮带着队伍冲向对方的阵地。当他的队伍刚刚冲上一座山岗时,意想不到的情况出现了:对方阵地上,一个人影也没有。原来,对方的首领也因为害怕,就在格兰特的队伍要向他们冲锋时,带领部队逃跑了。

经历这件事后,格兰特说:

"在整个战争中,我再也没有一次害怕过。因为我明白了一个道理:面对问题的害怕,恰恰是我们放弃解决问题的借口。而没有任何借口,能让我们所向无敌!"

2

我在装修房子时发生的一件小事,至今让我铭记在心。

装修中的某一天,我发现我家卫生间漏水,从上往下滴。直觉告诉我,楼上那家肯定漏水了,我急忙上楼去找,查来查去,也没发现什么问题。还好接下来的几天真没漏,这事也就过去了。没想到有一天卫生间再一次漏水了,我以为楼上装修又用水了,于是又跑上楼去,楼上的夫妻还是没发现什么问题。就在我疑惑时，一个念头闪过："是不是我家的水管有问题？"于是跑回家，打开卫生间扣板，果然自家水管的水，"滴嗒滴嗒"地往下流呢！

就在那一刻，我明白了一个道理："凡事先问问是不是自己的毛病，然后才是别人的毛病。"

我们在工作和生活中，常常出于本能和人的天性，都认为是别人的问题，不是自己的问题。实际上我们发现，大多数的问题都出在我们自己身上。所以，再也不要找任何借口，再也不要做那些虚伪的事情，都是徒劳。事实终究是事实，谁都无法掩饰，更无法修改。

鲁迅告诉我们，敢于直面惨淡的人生，敢于正视淋漓的鲜血。我们和竞争对手的斗争可以说是一场没有硝烟和鲜血但却同样激烈的战争，我们必须正确地审视自己、剖析自己，别再用那些理由和借口欺骗别人，也欺骗自己。

3

很多人在工作出现失误的时候，想到的不是如何自责，如何改正，而是如何推卸责任，绞尽脑汁寻找各种理由和借口以表明责任不在自己。事实上，不在自己，又在谁呢？即使推到别人身上，又有什么意义呢？假如真的在生死关头，你还能到哪里去找借口，哪怕最后找到了失败的借口又如何？

一位老和尚，他身边有一帮虔诚的弟子。这一天，他嘱咐弟子每人去南山打一担柴回来。弟子们匆匆行至离山不远的河边，人人目瞪口呆。只见洪水从山上奔泻而下，无论如何也休想渡河打柴了。

无功而返，弟子们都有些垂头丧气，唯独一个小和尚与师父坦然相对。师父问其故，小和尚从怀中掏出一个苹果，递给师父说："过不了河，打不了柴，见河边有棵苹果树，我就顺手把树上唯一的一颗苹果摘来了。"

后来，这位小和尚成了师父的衣钵传人。

这个小和尚之所以能够成为师父的衣钵传人，是因为他能够做事情有结果。

有多少人总是在抱怨，遇到困难就不停地找借口？"人是一种最会找借口的动物。"这是法国文艺启蒙时期一位思想家的话。话虽然有些偏颇，但却生动地反映了职场中的现实情况。

一次找借口并不可怕，可怕的是将逃避和推诿变成了习惯。最后，借口成了自欺欺人的手段，成为阻碍自己成长的最沉重的枷锁。而优秀的人，总是首先砸碎这一枷锁，走上成功的道路。

一流的人找方法，末流的人找借口。找方法的人，是有前途的人；而找借口的人，是没有发展前景的人。

Chapter 3

这个世界正在犒赏积极努力的人

最怕你一生碌碌无为，还安慰自己平凡可贵。当你持续努力,整个世界都会慢慢向你走来。所有的执拗背后,都藏着一个求而不得的人。所有的悲凉背后,都有一颗与温暖绝缘的心。

成功者辛苦一阵子，失败者辛苦一辈子

1

美国有一种家喻户晓的美食叫"琼斯乳猪香肠"，在它的发明背后有一段感人泪下的与命运作斗争的故事。

该食品的发明人琼斯原来在威斯康星州农场工作，当时家人生活比较困难。他虽然身体强壮，工作认真勤勉，不过，他从来没有妄想发财，他每日只想自己的劳动足够自己和家人温饱即可。可是，天有不测风云，在一次意外事故中，琼斯瘫痪了，躺在床上动弹不得。原本就生活困难的家庭，更是雪上加霜，不仅额外支出一大笔医药费，家里还少了一个劳动力。

面对这样的处境，琼斯起初痛不欲生，但是很快，苦难的生活让他逐渐站立起来。虽然他的身体瘫痪了，但他始终没有放弃与命运作斗争。他不停地思考和计划，他决定让自己活得充满希望、乐观、开朗些，他决定做一个有用的人，而不是成为家人的负担。

有一天，他想起了之前颇受人欢迎的灌香肠，于是把构想告诉家人："我的双腿虽然不能工作了，但是我还有大脑可以思考，由你们代替我的身体，把我们的农场全部改种玉米，用收获的玉米来养猪，然后趁着乳猪肉质鲜嫩时灌成香肠出售，一定会很畅销！”

老天不负有心人，事情果然不出琼斯所料，等家人按他的计划做好一切后，“琼斯乳猪香肠”一炮走红，成为人人知晓、大受欢迎的美食。

天无绝人之路，生活丢给我们一个难题，同时也会给我们解决问题的能力。琼斯能够成功，是因为他坚信人生没有过不去的坎。有一句著名的诗句：“冬天到了，春天还会远吗？”是的，正是因为琼斯没有在困难面前低头，没有被挫折吓倒，而是另辟蹊径，终于迎来了属于自己的成功。

2

有一位人文学家曾经说过这样一句话：“一个人的成就大小，往往取决于他所遇到的困难的程度。”这句话说的没错，我们在生活中会发现很多这样的例子，奥巴马是美国历史上第一位黑人总统，对于他来说，黑人想在政界做出一番成就是十分困难的，但是他成功了，并且还当上了总统；越王勾践面对强大的吴国，他想要复仇夺回自己的国家，无疑也是困难的，但是他卧薪尝胆，最终不仅夺回了自己的国家，还消灭了吴国。他们敢于挑战困难，敢于奋斗，所以获得了成功。

美国有一位叫作阿费烈德的医生,因为工作关系,他经常会解剖尸体,但是解剖尸体的过程中,他发现了一件奇怪的事情,那就是一些患病的器官并没有人们想象的那么脆弱和糟糕,相反,有心脏病的病人的心脏十分强壮,而有肾病的患者的肾脏也比正常人的肾脏更加强大。这引发了阿费烈德的好奇心,他针对这一现象进行了研究,最后得出答案:“那些器官在与疾病的斗争中为了抵御病变,不断地强健和壮大,所以,最终往往都会比正常人的器官更加健壮。这一现象在人类所有的器官中都存在。”

因此,他认为:“假如有两只相同的器官,那么当其中一只器官死亡之后,另一只器官就会努力地承担起全部的责任,从而使健全的器官变得强壮起来。”后来,他在给学美术的学生看病的时候,又发现了一个类似的现象:那些学习美术的学生大多数视力都不好,有的甚至是色盲。他此时觉得这些病理现象在社会现实中有所重复,于是,他把自己的思维发散到了更为广泛的层面。

后来,他通过对一些颇具影响力的艺术教授进行调查,更加坚定了他的想法。这些教授中,有相当一部分是因为生理上有所缺陷,但是缺陷非但没有阻挡他们对艺术的追求,反而促进了他们在艺术道路上获得成功。

阿费烈德将这种现象称为“跨栏定律”,由此定律可以解释我们生活中很多奇怪的现象,比如那些失聪的人往往拥有灵敏的视觉与嗅觉；那些残疾的人往往拥有更强的动手能力，一切如同早已注定，如果你没有遇到过这些，那么，也就无法得到这些。

3

要敢于向困难发起挑战。一个人如果有缺陷，那就意味着上帝要给他其他更好的东西，一个人遇到困难和挫折，也是上帝要赐予他更大的成就，关键就在于你是否能够正确地对待，是否敢于奋斗。

人生在世，不可能一帆风顺事事如意，当你遭遇挫折时，当你一无所有时，当你的问题看起来似乎没有办法解决时，你应该怎么做？你会默默等死么？你会让困难就这样轻松地打败你吗？

不会，我想任何人都有敢于挑战的勇气和实现梦想的渴望。问题的大小决定了答案的大小，百炼终成钢，我们要学会把缺陷变成优势，障碍和挫折让我们变得更加强大。在英国有这样一句话："如果这件事情毁灭不了你，那么它将会成就你。"

很多人都曾抱怨："成功实在太辛苦了。"其实，他们说的没错，成功非常辛苦。可是你想过吗？失败是更辛苦的。因为成功者辛苦一阵子，就能够改变不幸，然而失败者却要辛苦一辈子——怕苦会苦一辈子，不怕苦只会苦一阵子。可以说，你如果能在一阵子当中把你一辈子能吃的苦都吃下去，接下来你就能开始享受成功的果实了。

不怕万人阻挡，只怕自己投降

1

“三月不减肥，四月徒伤悲，姐妹们，从今天开始我一定要减肥，我的柜子里还有好多漂亮裙子呢，不减肥都要穿不下去了，你们可一定要监督我啊！”

“哎呀，我也要减肥，从今天起，咱们去操场跑步吧？坚持一个月，我就不信咱减不下来！”

“好的，好的，搭伴减肥相互促进，咱们要将减肥进行到底！”

当天晚上，宿舍里的几个女孩兴冲冲地直奔操场，她们每人跑了3圈，大家都兴高采烈，仿佛已经看到了夏天自己裙角飞扬的样子。

第二天晚上，一个女孩说：“走，跑步去！”只有一个女孩响应了，她们每人跑了2圈，回来的路上已经没有了昨天的兴致。

第三天晚上，她们都在宿舍里休息，有人问："还跑步吗？"几个女孩相视一下，几乎异口同声地说："过几天再跑吧，好累啊，前天跑的腿到现在还酸疼呢！"

第四天晚上，第五天晚上……她们再也没有人提起跑步的事情。

夏天到了，她们纷纷抱怨起来："唉，这么胖，裙子都穿不进去了，真是的，说减肥也没减下来。"

生活中，有许许多多只有3分钟热情的人，他们做事只停留于一时的热情，而缺乏耐性，不能持之以恒。比如，听完某个先进人物事迹报告会后，有的人就会被深深触动，开始进行深刻的自我反思，决心向先进人物看齐，为此还洋洋洒洒写下长篇的感悟和决心，可是高标准还没持续几天，就又产生惰性，陷入原来的懒惰状态，结果，先进人物还是先进人物，他也还是他。

2

穷人有时候会习惯贫穷，也安于贫穷。他们也不是没有过梦想，只是当尝试过几次失败之后，就渐渐害怕尝试，害怕失败，然后就继续过现在的生活，并努力给自己找出守旧的理由，比如"生死有命，富贵在天，咱没有那个命，还是等来生出生在富贵人家算了。"或者"富人也不见得会快乐，人怕出名猪怕壮,我这样平凡安稳生活多自在。”

这些理由虽然乍一听感觉很普遍,但是,其实只是在为自己的贫穷找借口。因为事实证明很多富人或者成功人士家庭背景都很贫寒,他们也不是生下来就含着“金汤匙”。

事实上,人人生而平等,不以种族、阶级差别而划分人群的观念,中国自古就有。那种抛头颅、洒热血的激情人士,中国自古就有。

公元前209年,秦朝廷征发闾左贫民屯戍渔阳,陈胜、吴广等900名戍卒被征发前往渔阳戍边。由于天下大雨,这支队伍被阻留在蕲县大泽乡,不能如期赶到渔阳。按照当时秦法“失期当斩”,900戍卒将无一能生。就在这时,陈胜高喊出了一句:“王侯将相,宁有种乎?”陈胜、吴广率领戍卒,杀死押送他们的军官,斩木为兵,揭竿为旗,发动军变,点燃了中国历史上第一次农民大起义的熊熊烈火。

“王侯将相,宁有种乎?”有谁还记得祖先的激情演说?虽然我们现在的社会没有阶级差别,没有森严的等级制度,人人平等独立,可是我们却越来越胆小,越来越喜欢强调自己和别人的差别,越来越否定自己的独立性和创造性,而把成功和富裕的原因都归结于外部条件。

就像引人深思的印度电影《流浪者》中大法官拉古那特所说的:“法官的儿子是法官,贼的儿子还是贼。”他说得那样轻松自在、扬扬得意。他也是按照这种简单的毫无根据的逻辑判案子。他深信不疑地将没有犯罪的青年扎卡认定为有罪的人，把他送到监狱里，原因只是扎卡的父亲是一个强盗。然而现实就是那么无情，在法庭上，站在他面前的真正的贼，就是他自己的儿子拉兹。当他确信这一切都无可辩驳时，他信奉了一辈子的信念在那一瞬间就土崩瓦解了。

贫民窟里的人就没有高尚的人格吗？达官贵人的孩子就一定是贵族吗？穷人的孩子就注定世世代代贫穷，永远没有出头的机会吗？

当然不是这样。实际上，一个人能成为什么样的人，重要的不是他的家庭背景和其他外部条件，而是他的内心。

功成名就的马云并非出身于显赫的家庭，也并非毕业于国外哈佛、牛津、耶鲁大学这样的名校，他甚至也不是国内重点大学的毕业生，他和多数大学生一样只是考上一个一般的本科院校，而就连这一个本科院校，马云也考了3次才考上。可以说，年轻时的马云似乎诸事不顺。

从初中到高中，马云除了英语成绩非常拔尖，其他学科成绩很平常。严重的偏科导致他第一次高考，英语成绩全年级第一，数学倒数第一。

马云高考落榜后，和表弟去一家酒店应聘服务生，结果，表弟被录用了，而马云却因个头矮小而被淘汰。当时他很受打击，后来，他还是找到了蹬三轮给杂志社送书的工作。沉重的体力劳动让他渐渐忘掉了高考落榜带来的痛苦，马云甚至认为，那是适合自己的生活方式。但马云的父亲鼓励他说："你每天踩20多千米路来来回回都不累，为什么就不能再走一遍高考的路呢？别人能考上，你比别人笨吗？"

马云的斗志被激发起来了："是啊，为什么别人可以考上，我就考不上？我要参加第二次高考！"然而这次，他的数学只考了19分，总分和本科录取线差140分，第二次高考还是失败了。但他还是斗志昂扬，没有放弃，决定参加第三次高考。1984年7月，马云第三次参加高考的成绩依然离本科线差5分，但是或许他的坚忍感动了上苍，当年杭州师范学院本科没招满，他读了本科，还被调剂到自己喜欢的英语专业。从此，马云才算摆脱应聘保安都失败的尴尬。

如果没有那种昂扬的斗志，马云就不会有今天的成就，或许他还是过着蹬三轮送杂志的生活，和现在的有些年轻人一样，没有学历、没有能力、没有背景、没有激情，只是日复一日工作，抱怨现状，把失败归结于没有显赫的家庭背景。

3

现在，我们不妨认真思考一下，自己是不是也有这样的心态呢？

因为害怕失败，所以不敢尝试，受到了歧视和鄙视的时候,不敢反抗。自己把自己归进了穷人的行列,只能把致富的希望寄托在下一代。

自己的人生为什么自己不去实现理想呢?想要开始很简单,只要从现在这一刻起,让自己沸腾起来,不管最后的结果如何,至少要不留遗憾地生活。

你凭什么认为别人没压力

1

当我们看到别人生活惬意、舒适的时候,常常会羡慕不已,心里会想:"人家怎么没有我这种压力,看上去真是轻松呀!"可是,当我们和周围的朋友聊起来的时候,别人反而觉得我们身上的不算什么压力。其实,这就是"当局者清,旁观者迷"的心态在作祟,让我们感觉生活是别处的好,幸福是别人的事。

然而,实际上,生活对于我们每一个人都是公平的,除了不谙世事的小孩子,每个成年人都要经受风吹雨打、烈日暴晒。压力,每个人都无法避免,只是或多或少,或大或小罢了,比如,工人面对下岗时有压力;基层干部想要晋升有压力;项目经理业绩平平时有压力;学生有升学的压力;毕业生有择业的压力……可以说,每个人有每个人的压力,每种角色有每种角色的压力。

既然压力无人不有,无处不在,那么,我们也就没必要去羡慕别人,因为那只是雾里看花罢了。要想真的让自己活得轻松快乐,我们还得靠自己拥有一颗善于排解压力、冷静对待压力的心。就像英国著名的心理学家罗伯尔曾经说过的:“压力犹如一把尖刀,它可以为我们所用,也可以把我们割伤,那要看你握住的是刀刃还是刀柄。”

这也就是说,我们在觉得压力让我们喘不过来气的时候,并不一定是压力本身的问题,而在于我们自身,就像握住了刀刃一样,感到痛苦却不知原因何在,只能一味承受,但若是你了解了压力的本来面目,就能找到将它转换为动力的办法。

2

毛毛大学刚毕业,便和恋爱多年的男友步入了婚姻的殿堂。第二年,他们便有了自己的宝宝。这样一来,让从小没吃过多少苦的毛毛有点疲累交加,痛苦不堪了。不但要工作,照顾孩子,而且还要应付不太熟悉的环境。一时间,毛毛感到压力空前的大,她有些难以承受了。

周末的一天,她回到娘家,跟父母诉起苦来。父亲什么也没说，带着她径直来到厨房，然后拿出三口锅，分别放上胡萝卜、鸡蛋和咖啡豆，然后点燃炉灶给三口锅加温。毛毛一直不明白父亲葫芦里卖的什么药，就只好静静地观看着。水开之后，父亲让毛毛看这三种食物，毛毛发现，胡萝卜已经软了，鸡蛋已经煮熟了，咖啡也已经煮得很香。

毛毛有些不明白，只听父亲解释道："同样的时间，同样温度的水，但是对这三种不同的东西来讲，它们的反应却不尽相同。胡萝卜本来是硬的东西，但煮熟后变得软了；鸡蛋的内部本来是液体，但煮熟后变得有了韧性；咖啡豆的本事最大了，它不但没有因为水而改变自己的味道，反而更加香醇了，而且它还改变了整锅水的颜色。"

毛毛听懂了父亲话语里的意思，她明白了压力往往不请自来，面对它们的时候，如果自己能够像咖啡豆一样，将压力转化成动力，或许周围的一切也就跟着改变了。

没错，这个小小的故事却向我们启示了一个简单而深刻的道理：面对压力，乐观的人善于将其变为动力，而悲观的人则会任由压力改变自己。

既然压力不可避免，那么我们何不学一学咖啡豆的精神呢，让自己享受这份压力，在压力中历练自己，让自己越发变得成熟而有魅力。

一位管理人士曾说过这样一句话："人生活在世界上，每天都像动物一样在大草原上猎食，有时丰收，有时失败，有时自己跌倒,有时看到别人跌倒,但是这其中最大的不同,就在于这个人多快才能站起来。”所以说,我们只有让自己尽快从压力中解脱出来,才能摆脱苦闷,我们也只有具备了乐观的生活态度,才能适应时代的变迁,走出只属于自己的优雅的步伐。

就算压力像空气一般充斥在我们周围,我们也应该想办法呼吸。压力无处不在,这已经是一种无可改变的现实,抱怨也好,堕落也罢,都只是在强压之下扭曲的表现。改变不了现状,就想办法利用压力。就像能量可以转化一样,压力也能转化成动力,只要你将它看作自己的推动力,那么你就能够得到成功的原动力。

3

一艘货轮卸货后在返航的时候,突然遭遇巨大风暴,大家都惊慌失措了。

就在这个危急时刻, 老船长果断下令:“打开所有货舱,立刻往里面灌水。”往货舱里灌水? 水手们惊呆了,这个时候本来就危险,怎么还能往里面灌水呢? 险上加险,这不是自己给自己找麻烦,自找死路吗?

此时,老船长镇定地解释道:“大家见过根深枝干粗壮的树被暴风刮倒过吗? 被刮倒的是没有根基的小树,大家都照我的话去做。”水手们半信半疑地照着做了,虽然暴风巨浪依旧那么猛烈,但随着货舱里的水越来越高,货轮渐渐地平稳了,不再害怕风暴的袭击了。

大家都松了一口气,纷纷请教船长是怎么回事。船长微笑着回答道:“一只空木桶很容易被风打翻, 如果装满了水,风是吹不倒的。一样的道理,空船是最危险的,给舱里加点水,让船负重才是最安全的。”

空船是最危险的,给舱里加点水,让船负重才是最安全的。其实,人心何尝不是呢?心头放着一定的压力,才能磨砺出坚稳的脚步。如果像一艘空船一样完全没有负担,那么一场人生的风雨就能将之彻底打倒。在生活中,在这个四周充满竞争的社会里,谁要是拒绝压力,谁就注定无法生存。

有一位哲人说过:“要想有所作为, 要想过上更好的生活,就必须去面对一些常人所不能承受的压力,你得像古罗马的角斗士一样去勇敢地面对它、战胜它,这就是你必须走的第一步。”

美国麻省的艾摩斯特学院曾经做了一个很有意思的实验。

实验人员用很多铁圈把一个小南瓜整个箍住,然后观察当南瓜逐渐长大时,能够承受铁圈多大的压力。最初他们估计南瓜最大能够承受大约227千克的压力。实验的第一个月,南瓜承受了约227千克的压力;实验到第二个月时,这个南瓜承受了约680千克的压力；当它承受到约907千克时，研究人员必须把铁圈捆得更牢，以免南瓜把铁圈撑开。最后，整个南瓜承受了超过2270千克的压力，瓜皮才产生破裂。

最后的实验是，实验人员把这个南瓜和其他南瓜放在一起，试着一刀剖下去，看质地有什么不同。当别的南瓜都随着手起刀落噗噗地切开的时候，这个南瓜却把刀弹开了，把斧子也弹开了，最后这个南瓜是用电锯锯开的：它果肉的强度已经相当于一株成年的树干！因为在试图突破铁圈包围的过程中，这个南瓜正在全方位地伸展，吸收充足的养分，最终果肉变成了坚韧牢固的层层纤维。

假如南瓜能够承受如此巨大的压力，那么我们人类又能够承受多少压力呢？南瓜实验告诉我们，大多数的人能够承受的压力往往超过自己的预想。同时也说明，只要我们积极应对，人们的承受力将会是潜力无限的。如果能够用积极的态度和行动去应对压力，就能将压力化为成长的张力。

永远恐惧压力，你就永远被它压制，若是试着一点点地接受压力，那么你就如同这个南瓜一样，随着岁月的流逝会成长得无坚不摧。的确，压力在很多时候能激发出强大的精神力量，把人的潜能发挥到极点。

从这个意义上说，我们需要好好感激压力。只要是自己能够承受的压力，那么就不妨在一段时间内，让压力来得更加猛烈些吧！像铁圈下的南瓜一样承受压力，敢于负重、勇于负重、善于负重，我们会因这近乎残酷的负重洗礼而变得更加强大，实现从焦虑到安然、从平庸到成功的跨越。

4

在火灾中，一个姑娘竟然能够把一架需要五六个男人才能搬动的钢琴搬到了安全地带；一个八九岁的小男孩，在紧急关头为了救出压在汽车下的父亲，硬是一个人掀翻了一辆汽车！种种事例，充分说明了在压力面前，一个人的潜能有多么巨大。

因此，压力不是什么大不了的事情，关键的是我们如何看待。在压力面前，勇敢地去面对，并能把压力化作动力，在压力的不断鞭策下，迫使自己不断前进，压力就成了成功的催化剂。我们要想在激烈的职场竞争中取胜，在工作的方方面面做到精益求精，就必须学会与压力共存，化压力为前进的动力。

TA都月薪五万了，你还在纠结早晨几点起床

1

早晨，当别人还在睡懒觉，他在跑步，为一天的工作能有充沛的精力做准备；晚上，当别人在闲聊时，他在看书；星期天，当别人出去游玩时，他在学习；工作中，别人都敷衍了事，他却事事认真。几年后，当他的同班同学都还是一个普通的会计员的时候，他已经是一个公司的财务总监了。

当别人问他："你是怎么做到的？"他说："很简单，每天多做一些。"

每天多做一些，每天就向前迈进一步，人生的差别就是在这一点。如果你每天比别人多做一些，几年之后，你就会将别人远远地甩在身后。

南澳大利亚的沙漠中，生存着一种矮胖的蜥蜴。这种蜥蜴行动迅捷，在沙漠中来去如风，令许多捕食者都拿它们没有办法。

但是，每年的七八月份，这些蜥蜴竟一反常态，行动迟缓

得如同乌龟。这种现象引起了研究人员的兴趣。他们捕捉了一只蜥蜴并对之进行CT扫描，结果发现这只蜥蜴正在妊娠状态中，但是令人吃惊的是，蜥蜴腹中胎儿的重量竟达到了母体重量的1/3。如此推算，这相当于人类一个妇女要生出一个七八岁大的儿童。

并且，这个生长中的"巨型胎儿"就位于蜥蜴母亲的肺部和消化道之上。由于坚硬的鳞片覆盖了蜥蜴的大部分身体，所以它的腹部是无法变大的。这样，在巨型胎儿的挤压下，蜥蜴母亲的肺部几乎全部萎缩，食道也变得狭窄异常。在妊娠后期，是这些蜥蜴母亲最痛苦的时刻，因挤压而产生的憋闷，使它们无法正常呼吸、无法正常活动，也无法吃下太多的食物。窒息和饥饿，会让这些蜥蜴母亲苦不堪言，一向行动迅捷的它们也只能艰难地拖着自己的身体缓慢活动。

研究人员就此得出结论："世界上没有任何一种动物的繁衍，会比这种蜥蜴承受的痛苦更大。"伴随着痛苦的还有灾难，由于爬得不快，沙漠中的响尾蛇、沙狐等各种动物很轻松就能捕获它们，很多蜥蜴母亲在此时会成为天敌的美餐。

但它们在经历巨大的痛苦和劫难之后，终于苦尽甘来，在沙漠中产下自己的幼仔，而小蜥蜴因为身形庞大，它们在出生后马上就可以离开母亲，具备逃避天敌、独立生存的能力。

从蜥蜴的繁衍群体来看，蜥蜴母亲被天敌捕食的概率达到了1/3，但是新生蜥蜴的成活率却可以达到100%，这创造了动物繁衍成活率的世界之最。

自然界的法则大体是公平的，没有努力就没有收获，付出和回报永远都是成正比的。收获丰厚成果的前提，必须是努力地付出。

2

一位哲人指出："懒惰是世界上最大的浪费。"人懒事事难，人勤事事易。我们从来没有听说过有什么懒惰闲散、好逸恶劳的人曾经取得多大的成就。只有那些在达到目标过程中面对阻碍全力拼搏的人，才有可能达到成功的巅峰，才有可能走到时代的前列。

绝大多数胸无大志的人之所以失败，是因为他们太懒惰了，因而根本不可能取得成功。他们不愿意从事含辛茹苦地工作，不愿意付出代价，不愿意做出必要的努力。身体上的懒惰懈怠、精神上的彷徨冷漠、对一切都放任自流的倾向、总想回避挑战，而过一种一劳永逸的生活的心理，所有这一切就是使那么多人默默无闻、无所成就的重要原因。

有一天，尼尔去拜访毕业多年未见的老师。老师见了尼尔很高兴，就询问他的近况。

这一问，引发了尼尔一肚子的委屈。尼尔说："我对现在做的工作一点都不喜欢，和我学的专业也不相符，整天无所事事,工资也很低,只能维持基本的生活。”

老师吃惊地问:“你的工资如此低,怎么还无所事事呢?”

“我没有什么事情可做,又找不到更好的发展机会。”尼尔无可奈何地说。

“其实并没有人束缚你，你不过是被自己的思想抑制住了。明明知道自己不适合现在的位置,为什么不去再多学习其他的知识,找机会自己跳出去呢?”老师劝告尼尔。

尼尔沉默了一会儿说:“我运气不好,什么样的好运都不会降临到我头上的。”

“你天天在梦想好运，而你却不知道机遇都被那些勤奋和跑在最前面的人抢走了。你永远躲在阴影里走不出来,哪里还会有什么好运?”老师郑重其事地说,“一个不肯付出努力的人,永远不会得到成功的机会。”

3

徐海打小就性格老实、待人真诚。刚刚大学毕业,他在一家大企业做销售员。他没有多少工作经验,再加上沉默寡言,不会虚伪奉承,同事和领导都不太注意他。

这天,他早早就上班了,他想,公司最近引进了一批新产品,每个人都分配了好多工作,不如早点儿去干完呢。徐海到了一会儿,同事们陆续都来了,都在抱怨着工作量大,这么多工作,却不增加人手,每天累得他们够呛。

正说着，领导又开始派活了："小刘，开发区那个公司，你今天要去跟进一下，争取把这个单子拿下来！"

"经理，昨天你交代我的活还没干完呢！"小刘一脸的不悦。

"那好吧，小张，你去！"

"经理，我今天要去两个地方，你说的那个地方太远了，我根本来不及，这样吧，你让徐海去吧。"小张打着哈哈。

领导第一次把目光锁定在这个小伙子身上，打量了他一番说："徐海，你去，怎么样？"

"好，没问题，保证完成任务！"徐海乐呵呵地答应了，却遭到了同事鄙夷的低语："傻瓜！"

徐海那天跑了3个公司，每个都不顺路，大夏天的他一根冰棍也没顾上吃，全身衣服都湿透了。虽然很累，但他心里很高兴，因为今天收获不小。

因为这一次的工作，公司的领导也注意到了这个小伙子，勤快，工作不挑不拣，努力向上，总是积极主动地揽活，于是，接下来的工作中，总是多给他机会锻炼。

两年后，徐海的工作业绩在公司遥遥领先，被提拔为部门经理，以前嘲笑他的同事都成了他的下属。

任何的成功都是付出了艰辛的努力才得来的。如同水稻种植一样，没有当初的播种就没有嫩嫩的禾苗长成，没有辛勤的努力，没有精心除草，就没有成熟的稻谷。没有勤快的家务习惯，稻谷就不会变成米饭。一连串的物质变化，都是跟勤劳成正比的。

可想而知，想要成就一番事业，那得付出加倍的努力才能实现的。勤奋是成就美好未来的色彩，一个没有勤奋的人生是灰暗的、黯淡的，因为没有任何进步。而一个有冲劲，有进步的人生，都是在勤奋的驱使下进行的。所以，勤奋可以给你带来人生的色彩，让你的生活更加丰富。

而当你懒惰的时候，你是否想过，你已经在失败的边缘了——喂，人家都月薪五万了，你还在纠结明天几点起床？

机会不是问题，
因为犹豫放弃机会才是问题

1

李斯·布朗出生在迈阿密附近的一个贫困的家庭中，他还有一个双胞胎兄弟，由于家中负担太重，布朗兄弟的父母已经养不起他们了，把他们送给了一个叫作玛米·布朗的厨房女工收养。

李斯是一个活泼好动的男孩，说话口齿不清晰，但是总

是说个没完。因此，小学和初中，他被安排在那些有学习障碍的学生所开设的特教班，毕业后，他被安排到迈阿密海滩担任清洁员的工作，虽然有了生活保障，李斯并不知足，他有一个谁也不会预料到的梦想——当一名播音员。

为了实现自己的理想，每到晚上的时候，李斯便会抱着晶体管收音机，在床上收听广播，他住的房间不仅小，而且还残破不堪，但是他却把那里想象成了一个属于他自己的电台，他练习嚼舌根来向虚拟的听众介绍唱片，梳子也被他想象成了麦克风。住在隔壁的母亲和弟弟每当听到从李斯房间里传来的声音时，便会让他停下来休息，但是对于这些声音，李斯从来不予理会，每天沉浸在自己编织的播音员的梦中。

有一次，李斯在市区完成除草任务，中午休息的时候，他走进当地的电台，找到电台的经理，对他提出自己想要主持音乐节目的愿望。

“你有主持广播的经验吗？”经理一边说，一边打量这个头戴斗笠，衣衫褴褛的年轻人。

“我没有，先生。”

“那我只能说很抱歉，孩子，我们这里没有适合你的工作。”

李斯没有再说什么，只是很有礼貌地向经理道谢，转身离开了。经理只是把这件事当成是一个小插曲，但是让他没有想到的是，接下来整整一个星期的时间，李斯都会到电台去询问有没有适合他的工作，电台经理被李斯的执着所感动,终于把他安排在电台里当个小工,但是不给他任何薪水。最初,李斯只是为那些暂时不能离开录音室的播音员拿拿咖啡,或是快餐,过了一段时间,电台中的主持人都被李斯的热情给感染了,也非常信任他,派他开着自己的名车去接送当时知名的合唱团,来电台录制节目。

在工作期间,李斯会毫无怨言地接受给他的任何工作。在这期间,他还注意播音员们在控制板上的各种专业手势,在控制室中,李斯尽可能多地吸收他有机会看到的一切,直到播音员让他离开。等到晚上的时候,他就在自己的小小"播音室"里反复练习,他坚信,自己所做的一切努力,都是为了将来一定会出现的机会。李斯的努力没有白费,一个周末的下午,属于他的机会终于来了。

这一天,轮到一个叫洛克的播音员主持节目,由于整栋电台的大楼里除了他们两个人以外,再没有别的人了,所以,这个叫洛克的播音员一边喝酒,一边现场播音。

李斯知道,在这种情况下,洛克的播音一定会出现问题,所以,他在旁边心情复杂地等待着,等待机会的到来。

终于,办公室里的电话响起来了,李斯动作迅速地接起了电话,和他料想的一样,是电台经理的电话:"李斯,我想洛克已经不可能完成他的节目了。"

"我也认为是这样。"

"你可以给其他的播音员打电话,让他们来代替他吗?"

"好的,经理,我一定能做到。"

李斯挂了电话，紧接着，他又拿起了电话，他不是承诺给经理的那样，打给其他的播音员寻求帮助，而是拨通了女朋友的电话："全部家人都到外面的走廊，打开收音机，我马上就要进行现场播音了。"

李斯沉着地等了15分钟后，给经理打电话："抱歉，经理，我暂时找不到别的播音员来代替洛克。"

"那你知道怎么控制录音室的那些装置吗？"

"我想我可以。"

李斯挂上电话，走到录音室里，轻轻地把已经醉得不省人事的洛克移到了一边，打开了麦克风的开关。

李斯表现得非常熟练，已经到了炉火纯青的地步，这让电台经理对他刮目相看，从此以后，李斯相继在广播、政治、演说以及电视方面达成了他的梦想。

2

在生活中、工作中有很多事情不是不可能，关键在于我们没有努力地开动我们的脑子去想，并且是不是最终将脑海中的想法付诸了实践。是的，当面对困难的时候，当面对挫折的时候，不要给自己任何借口，告诉自己一定能够战胜这些困难，告诉自己别人能够做到的自己只要掌握了关键的技巧，也一定能行。在艰难困苦中，只要你拥有这样一种不找任何借口的心态，那么至少你在成功的道路上又迈开了至为关键的一步。

所谓“不可能”的事,通常是现实条件明显不足的事。我们的思维定式能够让可能变得不再可能,冲破思维定式则正好相反,需要你从不可能的地方开始考虑,并把它变成可能。

小人物总是被“不可能”打败:我不可能找到理想职业,因为文凭不过硬;我不能胜任这项工作,因为专业不对口;我不可能受到重用,因为我没有背景;我不可能会发财,因为我不会做生意;我不可能招人喜欢,因为我相貌不佳;我不可能得到她的芳心,因为我配不上她……小人物的生活中有太多不可能,所以他们只能平庸地度过一生。

事实上,世界根本没有不可能之事,有句广告语说得好:“一切皆有可能。”

在1968年之前,很多人断言,10秒是百米短跑的极限,不可能被突破。但是,美国选手海因斯用9秒95的成绩证明这只是谬论。1999年,美国选手格林用9秒79的成绩刷新了世界纪录,又有人说:“这是极限!”但是,所有的田径高手都在心里冷笑:“等着瞧吧,根本没有什么极限。”

所谓“不可能”“极限”,只是小人物心目中的概念,是小人物自我设限。他们在“不可能”的牢笼里、在“极限”的坚壁面前,失去了向远大目标进发的自由。

成功人士的做法正好相反,当别人认为不可能办到时,他们却在思考如何办到。

在成功人士的头脑中没有那么多不可能,他们心目中只有自己想要达成的目标以及达成目标的勇气。

3

当马孔·福布斯决定推出“美国400富豪榜”时,遭到部下的一致反对。首先表示异议的是总编麦克斯,他认为,要查清富翁们的真实收入,是一件不可能的事,他们一定不会愿意公开自己的收入,因为他们害怕税务人员找上门来,害怕引起绑匪或恐怖分子的觊觎。既然这一计划不可能实现,何必为它浪费资源?

福布斯认为这只是麦克斯的猜测之词,在没有尝试之前,不宜下不可能的结论。他则命麦克斯立即着手策划。既然老板坚持,麦可斯只好勉为其难地接受了任务,但他还是认为这一计划不可能实现,所以,他的积极性不高。他将这个差事扔给了一个名叫萨拉尼克的下属。

萨拉尼克也不愿做这件在他看来注定劳而无功的事。他率领一班编辑、记者,无精打采地干了两个月,眼看计划实在进行不下去了,就写了一份报告,交给马孔·福布斯说:“我们已尽力试过,不成!”

马孔·福布斯大光其火,吼道:“我愿意动用所有的人力来完成这项计划,时间、金钱、人力我都在所不惜!”

萨拉尼克看到老板的决心,他这回抛弃所有疑虑,率领手下竭尽全力工作,终于搞出了第一份“美国400富豪榜”,当它刊登在《福布斯》杂志上后,引起全美国的轰动,当期杂志销售一空。而且,榜单刊出后,也没有富翁因此引出税务官司,更无人因此遭到绑架。

时至今日,“美国400富豪榜”和《福布斯》一起,已蜚声全世界。

在一个充满机遇的时代,机会不是问题,因为猜测放弃机会才是问题。在机会来临时,许多人担心丢脸,担心白费工夫,担心蒙受损失,以致畏缩不前,白白错失机会。他们认为暂时的安全是谨慎的结果,其实,臆想的危险可能根本不会发生。

Chapter 4

你不迟到我不离开，我们终究会相遇

“弱关系”带来钱，“强关系”带来爱，你于我的意义，不仅仅是一张温暖我的脸。不仅仅是我午夜想找人说话时的一个号码，而是整个青春都在路上的奇妙旅程。

今晚，我来给你下厨

1

镜头一

一个阳光洒满屋子的上午，儿子围着围裙，在厨房里洗好了西红柿、黄瓜、油菜，再把鸡蛋打碎。打开煤气灶，添上油，放上菜……

这是儿子第一次下厨房做饭。

这两天儿子忙着去书店看菜谱，在网上搜索一些做饭的视频看。最后，他选择做两道既简单又美味的菜让母亲尝尝，早上一起床就去菜市场买好菜。

镜头二

以前，儿子不是这样的。

那时，他要一边嗑瓜子，一边看电视。母亲进来叫他吃饭，他还会不耐烦地冲母亲嚷："别叫了，烦死了。"

那时，母亲也和现在的他一样，要买菜、择菜、打鸡蛋……一个人在厨房里忙。不过，母亲这饭一做就是18年。父亲在他刚满月的时候就去世了。母亲一个人撑起家，中午12点下了班，就急急忙忙地骑着自行车去菜市场，然后往家赶。

镜头三

有一次临近高考，母亲看儿子学习累，就陪儿子去公园散散步。快到傍晚，夕阳已经下山了。儿子问母亲："妈，今晚咱们吃什么啊？"

母亲微微笑了笑："妈什么时候能吃上儿子给我做的饭？"

儿子说："妈——等您老了我天天做给您吃。"

"嗯，好儿子……"

镜头四

时间过得真快，儿子上了大学。一放假就回家，难得做一次饭。饭菜都做好了，儿子坐在餐桌上给母亲拿了筷子、碗。时钟滴滴答答地走着，每天12点母亲都会准时回家。10分钟……5分钟……3分钟……1分钟，快到12点了。

"当当当……"12点的钟声响起了。

满头白发的母亲推开门，手里拿着菜。看着满桌子的菜，母亲没说一句话，眼眶中似乎有泪光闪烁。儿子拉开凳子，让母亲坐。儿子给母亲夹菜，示意母亲多吃。

儿子回过头扒拉着自己碗里的饭，泪水就那样一滴滴掉了下来。

镜头五

母亲的位置上根本就没有母亲。前几天，母亲像往常一样提着菜，正准备上楼时，却昏倒在地上，以后就再也没起来。

“妈，你还没吃上我做的饭呢！妈……你怎么就走了呢！”儿子望着母亲的遗像，痛哭流涕。母亲没有回来，满桌子的菜，母亲一口都没有吃到。

这是一个在网上感动无数网友，几天时间就被各大网站转载的视频——《天堂午餐》。视频中儿子给去世的母亲做了一顿她盼望已久的午餐，却只能是送往天堂的午餐。

2

叶熙阳的父亲一辈子辛勤劳作，闲不下来，到60多岁还在工地上班。叶熙阳多次劝父亲，他每个月会给他寄生活费，操劳了一辈子的他应该好好休息，安享晚年。可是叶熙阳的父亲嘴里答应，却瞒着他偷偷去做些零工。

一天，叶熙阳在下班的路上，突然接到母亲的电话。母亲通常不在这个时候打电话给他的，所以，他觉得一定是有什么急事。果然，母亲在电话那头慌张地说父亲在工地昏倒了，现在在医院。

叶熙阳顾不上回家，直接打车赶到医院。他的母亲、伯父还有叔叔都来了，医生诊断出他的父亲是胃癌晚期。这个消息犹如晴天霹雳，叶熙阳的母亲听到这个消息后昏了过去。

叶熙阳极力控制住内心的悲伤，整理好情绪，想从医生那儿多了解一些情况。他希望这是医生误诊，希望情况没有那么糟。但是，得到的却是医生劝叶熙阳节哀，并确切地告诉他，他的父亲确实是胃癌晚期，而且时间不超过6个月了。

叶熙阳感到非常不解，一个月前他回家时父亲还好好的，还带着他的儿子去跑步，为什么一个月不见，情况却是这样子？后来，听母亲说，叶熙阳的父亲以前胃经常不舒服，常常吃不下饭，但是怕花钱，一直没有去医院看，只在诊所开些药吃而已。

叶熙阳又生气又懊悔，他生气为什么父亲有病不去看，而懊悔自己为什么不多注意父亲身体的状况，为什么不定期带父亲母亲去做体检。然而，现在懊悔也无济于事了。

在那之后，叶熙阳的父亲情况不断恶化，为了省钱，父亲母亲坚持不做化疗，只吃些止疼药和常规药。渐渐地，叶熙阳父亲的饭量越来越小，因为吃了也难以消化。最后，他的父亲竟连一口饭菜也咽不下去，只能喝些粥及靠药水维持生命。

眼看着父亲一天天衰弱下去，剩下的时间越来越少，叶熙阳难过极了。为了让父亲不太孤单，他每天下班都来陪伴父亲。为了让父亲高兴一点，哪怕能吃点东西也好，他特地跑到一家餐厅去买来父亲以前喜欢吃的金枪鱼寿司和关东煮。

可是，父亲虚弱地说：“儿子啊，我不想吃，什么也吃不下。你吃吧……”

“那您想吃什么？您告诉我，什么都可以，儿子给您买。”看着健硕的父亲一天天消瘦下去，叶熙阳哭着鼻子跟他说。

父亲忍着剧痛勉强地笑了下，努力想抬起他那只长满老茧的手，叶熙阳紧紧地把父亲的手攥在怀里。父亲说了一句让他感到很意外的话：“我还想吃……想吃你做的土豆炖牛肉……”

这是叶熙阳学会的第一道菜，那是初中时学校举办才艺大比拼，他特地向母亲学的。当时花了好长时间来学做这道菜，而父亲是这道菜的第一位评委，叶熙阳还记得当时父亲那副嘴馋的样子。

叶熙阳立刻向超市跑去，买好食材，马上回家做土豆炖牛肉。他把土豆去皮，切成父亲能吃的小块，再把牛肉也切成小块。父亲喜欢吃皮，他买的都是带皮的牛肉。然后剥大蒜，突然蒜汁儿跑进眼睛，一滴眼泪掉了下来。

霎时，泪水夺眶而出。任凭泪水流淌，叶熙阳顾不得去擦，他严格把守这道菜的每一个步骤，心里又着急又谨慎，生怕做错了一步。

叶熙阳迫不及待地把它端到父亲那儿，闻到那熟悉的味道时，父亲僵硬的嘴角出现一丝笑容，可眼角却出现几道血丝。叶熙阳用小勺小心地把土豆炖牛肉送到父亲的嘴里，父亲开心地张开嘴吃进了多天以来的第一口饭。

叶熙阳心里暗想，只要父亲想吃，哪怕只吃一口，他也要给父亲做。

3

对于很多忙碌的上班族来说，与父母的相聚是一种奢谈，这是生活所迫，我们不易改变，但是父母那牵挂游子的心，始终在等待子女片刻的停留。

老人们不说，但是他们一直在心里祈祷。

如果，你肯为父母下厨做一顿爱心饭，即使菜烧得咸、饭煮得生硬，父母吃起来也胜过珍馐美馔；如果你肯用心为父母学做一道父母爱吃的菜，即使你的厨艺与父母相差甚远，父母吃起来也是津津有味；如果你肯在晚餐的时候早点下班陪伴父母吃一顿家常饭，父母也会将这个短暂的时光放到永远的记忆里。

把父母曾经为你缔造过的美好一一整理，放大，然后全部展现。这就是你能做到的孝。

这也可以成为你的自豪，也是父母想要的骄傲。

等到风景都看透，
也许你会陪我看细水长流

1

一段爱情最长可以维系多久？如果从科学研究的结果来看是36个月，也就是3年的时间，专家说，在36个月之后，情感就变得复杂起来，有爱情的成分，也有可能转换为亲情或者友情。

每一段感情开启时，我们都在奢望天长地久，而在这个社会中，爱情变得脆弱和不经风雨，如何才能让爱情历久弥新呢，作为情感节目主持人，我见过大量的爱情案例，总结之后我以为方法只有一个，那就是——凡事慢慢来！

我们的父辈，感情方面常常比如今的年轻人更加稳固，除了思想观念老套以外，和当年开始感情的方式有很大关系。

那个年代，大家思想保守，从见面到拉手可能得半年的时间，这半年里没有手机可以联系，所有的思念全部在脑海里翻腾，一遍又一遍，那种美好的体验是一种非常愉悦的感受。

从牵手到拥抱，可能又得几个月的时间。

那种渴望，那种激情，积攒到一定程度了，才会结婚。

2

周伟是真正的钻石王老五，大家都会觉得他身边一定美女如云。可是，有一次聊到这，他却很苦恼的告诉大家，他很难找到真爱，因为他喜欢追求的过程，而每次看上一个女孩子，几乎都是不用太追求就已经拥有了，所以很快就觉得索然无味。

另一个故事是这样的。

一个女子，和丈夫在一起8年了，从来没有和丈夫一起沐浴过，也没有一起更衣过，甚至睡觉都习惯穿着袜子，她的理论是："对男人要一点点的给，一次让他吃饱了，他下次就没有胃口了。"就比如一对新婚夫妻，如果女生很快就无顾忌的在家里走来走去，最初丈夫可能会很有兴致的欣赏，但很快就会觉得熟视无睹，索然无味。

认真想想，这不正是细水长流的古老爱情观吗？

爱情中，我们常常变成了施舍者，对方要什么，我们就大方的给什么。

其实，如果你很少说"我爱你"，说一次他就会无比珍惜。

物以稀为贵，爱情中，这句话很重要，慢慢的给他你的情感，你就会收获更长久的爱情。

3

一个即将出嫁的女孩，向她的母亲提了一个问题："妈妈，婚后我该怎样把握爱情呢？"

"傻孩子，爱情怎么能把握呢？"母亲诧异道。

"那爱情为什么不能把握呢？"女孩疑惑地追问。

母亲听了女孩的问话，温情地笑了笑，然后慢慢地蹲下，从地上捧起一捧沙子，送到女儿的面前。

女孩看了看母亲手里的沙子，圆圆满满的，没有一点流失，没有一点撒落。

接着母亲用力将双手握紧，沙子立刻从母亲的指缝间泻落下来。等到母亲再把手张开时，原来那捧沙子已所剩无几，只有少数残留在掌心。

女孩望着母亲手中的沙子，领悟地点点头。

其实，那位母亲是要告诉她的女儿："爱情无需刻意去把握，越是想抓牢自己的爱情，反而越容易失去自我，失去原则，失去彼此之间应该保持的宽容和谅解，爱情也会因此而变成毫无美感的形式。"

每个人都希望自己永远拥有幸福美满的爱情，那么，不妨学着用一捧沙的情怀来对待爱情。

不是所有东西只要牢牢抓在手里就能一直拥有。有些东西很尖锐，抓得太紧就会受伤；有些东西很细小，抓得太紧就会从指缝间溜走。爱就如指间沙，握得越紧，失去得越多。

比如，孩子是父母捧在手心里的宝贝，细心的呵护孩子成长。只是有时候父母担心得太多，控制着孩子的自由，反而折断了孩子的翅膀，让孩子无法飞翔。对父母来说，这是父母对孩子的爱，但对孩子来说，这是父母对孩子的束缚。父母抓得越紧，孩子对父母的感情就会越淡薄。

再如，谈恋爱的时候容易患得患失，稍有风吹草动就会草木皆兵，怀疑对方感情出轨。一旦怀疑的种子种下了，任何解释和证明都只是诡辩，然后想尽办法找出对方出轨的证据。没有人能够接受被恋人怀疑，当对方的解释毫无用处的时候，当对方失去解释的耐心的时候，感情就会被不信任一点点地消磨殆尽。也许分手了，才知道一切不过是一场误会，却因为怀疑得太深，毁掉了一份美好的感情。

无论是亲情还是爱情，都是一种爱。爱的方式有很多，然而，有些方式只会把对方越推越远。爱有时就像手中的一捧沙，不能紧紧地握住，否则沙就会从指缝之中落下，掌中的沙子就会越来越少。等惊觉手中的沙子在减少的时候，放松双手，风一吹，掌上仅余的沙就随风而扬。手心还保留着当初满满的重量感，可是，现在早已空无一物。

爱不是牢笼，不能囚禁。爱如手中沙，容不得过分的束缚。爱需要细心呵护，但也要给予适度的自由，让爱的人自由高飞。等他疲累的时候给予一个休息的地方，带给他再度飞翔的力量。

相爱就要亲密无间，甚至希望成为相同的两个人吗？周国平说，好的两性关系有弹性，彼此既非僵硬地占有，也非软弱地依附。如果爱情，无法呼吸，迟早窒息。

很多所爱之物，都是从陌生开始的

1

听第一遍音乐的时候，不要因为陌生而厌恶。应当怀着忍耐，努力听到最后。重复几遍后，便会有亲近感，发现其深处的魅力，继而爱上它。

不只是音乐，我们很多所爱之物，都是从陌生开始的。工作也好，爱人自然也不例外。

有些人总想遇到一个完美的爱人，一见倾心，万事妥帖，恩爱白头。而事实往往是，一见钟情，再而烦，三而厌。反而是那些日久生情的配偶，比较经得起时间的考验，所以，不要迷信一见钟情。第一眼看到对方，就爱上了对方，但是这种美丽的遇见，由于没有经过相互了解，所以也很不稳固。事实证明，闪电般恋爱、草率结婚常常导致婚姻的悲剧。

这世上除了令人惊羡的帅哥美女，还有许多耐看型的男人和女人。只要外表尚且过得去,那就多给对方一些时间,多进行接触和了解,见过几次面之后,再做决定不迟。或许在你与一个人初次见面时,他的相貌平平,丝毫不能引起你的兴趣,但是,这并不排除经过长时间的相处和了解,你会对他产生情愫的可能。

在电影《一吻巴黎》中,年轻漂亮的娜塔莉与弗朗索瓦一见倾心,两人结婚7年依然处于热恋的状态。然而不幸的是,弗朗索瓦意外丧命于车祸,这让娜塔莉顿时由天堂堕入地狱,从此,每天都如行尸走肉一般,用拼命的工作麻痹自己。后来,公司来了一位瑞士同事马尔克斯,两人性格水火不容,日常工作中也是摩擦不断,但也正是互相之间的碰撞,让他们逐渐对彼此产生了爱的情愫,这段美好的爱情也唤醒了娜塔莉生活的欲望和感受爱的能力。

有一部电视剧《潜伏》,主人公余则成是一位地下工作者,在日本投降后潜伏在国民党军统局中,为了工作需要,组织上派来假夫人翠平,但两人在长期相处的情况下,“弄假成真”成了真正的夫妻。虽然最后的结局是两人各奔东西,但是,两人之间的感情却是不能被抹杀掉的。

与“一见钟情”相对的是“日久生情”,日久生情的两个人,或许在一开始的时候并没有对对方产生脸红心跳的感觉，只是在一起的时间长了自然就产生了感情，这个时候双方对彼此都有了比较深入的了解，被对方的优点或者魅力所吸引，同时也能容忍对方的那些小小的缺点和不足，这样的感情相对来说也是比较长久的。

2

有人说，在古代，男女双方结婚前连对方的面都没见过，但也谱写了不少轰轰烈烈的爱情故事。反观“先恋爱后结婚”的现代社会，离婚率却越来越高，“闪婚族”也往往会沦落为“闪离族”。如果我们把爱情比作美食，“一见钟情”的爱情就像一份快餐，只能让人满足一时的口欲，保持一时的新鲜感，当人们意识到它无法提供自身所需要的营养时，自然会选择放弃；而“日久生情”的爱情就像是一份老火靓汤，经过长时间的细火慢炖，不仅营养丰富，味道也回味无穷。

小文是一个很普通的女孩，没有出众的相貌，没有非凡的才华，家世也很一般，但她却有一个非常帅气的男友。

起初是小文先暗恋这个男孩的，基于女孩原本的羞涩，她并没有向男孩表白。时间长了，这个男孩感觉女孩一直在关心着自己，直到有一天，这个男孩感觉到，没有了这个女孩的关心生活好像没有了意义。自从跟小文相处后，男孩像换了一个人，交际广了，朋友多了，灰暗的生活有了阳光。

后来男孩娶了小文,虽然她不算漂亮,但是她带给男孩真实的生活。当小文问男孩:“你为什么选择我呢?”男孩回答道:“我看到了你的优点和可爱。”

结婚后的小文是一个非常懂得经营爱情的人,她用自己的聪明和智慧把两个人的感情经营得很好,当然生活中也有一些不开心的事情,但是小文总会用一些好的方法巧妙地处理,不仅不会伤害对方,而且给生活增添了不少乐趣。小文是聪明的、有智慧的,当然不是耍小聪明而是用心去做,理解对方,懂得为对方考虑,这让她的先生很是感动。

3

不要用自己太多的有色眼光去看,自己是要找一个伴侣,找一个在你伤心时安慰你、在你失意时鼓励你、在你有成就时比你自己还高兴的人一起生活的。

人们常说:“和一个爱你的人在一起生活,会比和一个你爱的人一起生活,更容易获得幸福。”如果两个人在结婚前并没有那么深刻的感情,那也没有关系,我们可以通过婚后生活的一些小细节,让彼此的感情升温。

感情中双方要学会“求同存异”。两个人生活在一起,脾气性格、生活习惯和爱好不可能完全相同,非要把自己的标准强加给对方,只会引起对方的反感和不满。“大事求同,小事存异”才是明智之举。同时,对于一些鸡毛蒜皮的小事不要斤斤计较。

瞬间的激情,碰撞出闪电般的火光;霎时的两情相悦,演绎成海誓山盟,但这一切,并不足以照亮通往婚姻殿堂的康庄大道。那么多跋涉在爱情征途上的男女,在美丽的爱情之花绽放时,仍然选择持久地去了解、认识、考验对方,慢慢培养出来的感情才能抵挡住漫漫人生路上风雨的侵袭。

住在你的生命里,而不是手机里

1

早晨起来,仓促间,他的手机不小心掉进了洗手盆里,手机洗了个澡,尽管他手疾眼快地瞬间捞起,但手机还是变成了落汤“机”。不得已,只好卸掉电池,拿电吹风把手机吹干。只是这下惹了祸,手机里存的电话号码全都不翼而飞。他捶胸顿足、沮丧懊悔,好几天都郁郁不开心的样子,仿佛世界末日一般,一个劲地嘟囔:“我手机里的那些朋友全都不见了,好几百个啊,也没有备份,怎么办啊?”

他的搭档安慰他:“你仔细想想,那些能记住名字的,多半是你常联系的朋友,所以一定会有办法再联系上。那些叫不上名字的，多半只有一面之缘，或者是不大来往的朋友，既然连名字都记不住，丢了也就丢了，这样的朋友还会不断地认识，不断地添加上来。”

他想了一下，拿了一支笔，把那些能记住的人的名字写在纸上。搭档拿起来看了一下，他能记住的，除了少数几个朋友，再就是几个同事，几个同学，再有就是家人。他感叹：“平常觉得朋友遍天下，手机里都存不下了，怎么真到想的时候却怎么都想不起来了呢？”

搭档摇摇头笑着说：“这就对了，朋友很多，但能记住名字的也就那么几个，他们早已和你的生活紧密相连，住在你的心里，甚至住在你的生命里，所以你才会想起来。而那些记不住名字的，多半只是你存在手机里的朋友，偶然遇到了，也就记下了，却与你的生活无关，与你的生命更无关联。”

2

在通信时代，无论是初次相见还是老友重逢，交换联系方式，常常会彼此交换名片，然后郑重或是出于礼貌性地用手机加上微信。

在快节奏的生活里，我们不知不觉中就成为住在别人手机里的朋友。又因某些意外，变成了别人手机里匆忙的过客，这种快餐式的友谊，常常短暂得无法深交。

你有多少住在手机里的朋友？

初次相识的喜悦，让你觉得有时候似乎找到了知音。于是，对于投缘的人，开始了较频繁的交往。渐渐地，初相识的喜悦退尽，接下来就是仅仅保持着联系，平凡到偶尔在节假日群发信息互致问候。偶尔有一天，你会发现，你发出的信息，石沉大海。你的心也会凉了下去，几次没有回音后，你也许会删掉那一个偶然在人海中“拾”来的电话号码，把那个偶尔认识的人完全淡忘。这个曾经的朋友，便像人海中的一朵浪花，偶尔调皮地与你相遇，然后被你记忆的余光蒸发。你还会与新的人相识、相交、交换手机号、名片，你还会不断地让新朋友住进你的手机。

最怕的是突然有一天，你的手机不见了，号码簿上的朋友们似乎一下子全部消失了，你的心也空掉了一块，尤其是那些亲朋好友或老同学的号码不见了，就像是不见了珍贵的首饰一样令人难过。老友的联络方式还能通过其他方式寻回，而那些浪花般的有缘邂逅的朋友，因一次偶然不见了他们的号码，这一生，也许你将不会再与他们相遇。

虽然你心里也会觉得可惜，但就像每天梳头掉几根头发一样，并不必太在意。可是，当某一天，你的手机上收到一些陌生的节日问候短信，你会不好意思问对方是谁，只是回复一条祝福的短信息过去。几回这样的“匿名”信息后，这个也许曾经熟悉过的陌生号码，就不会再来信息。这时，你也许会感到遗憾。

最让你受不了的是，某天想起曾经有一阵子还相交频繁的友人，于是，你满怀热情地打电话给他，电话的另一头传来一句："喂，你是谁？"你的热情骤降到零点，根本没有心思再说什么，神伤地挂掉电话，也许对方早已把你的电话号码删掉了。也许，对方也是因为手机被盗或者是换号等原因丢失了你的号码，反正，你不再是住在他手机里的朋友。

也许你不甘心，告诉对方你是谁，对方也许会解释，因换了新手机，还没来得及把你的号码复制过来；或者是没听出你的声音等。这些理由，也会让你的热情打折扣。毕竟是萍水相逢、世态炎凉，谁又能记得谁，你不过是曾经暂住在他手机里的朋友，确切地说，是手机里的过客，也等于他生活中的过客。心理上的疏远，被忙碌的生活再打一次折，这份友谊就算彻底出局了。

3

电子时代，人们见了面，不再到处发名片，当然也不会掏出小本子记下联络方式，而是习惯用手机把对方的电话存下来，或者扫一扫二维码，这种方式，快捷简便，因而每个人的手机里都有几十，甚至几百个这样的朋友，平常不大联络，过年过节，群发一条微信，然后便渐渐将其淡忘。有的人，清理手机的时候，会把这样的朋友清理掉。但大多数人，会把这样的朋友一直存在手机里，一直存到偶然丢失。

我决定把自己手机里居住的朋友再迁移到纸质笔记本中，备一份。能被人备份的号码，友谊也就被备份了，如果对方也会像你一样,把你的电话号码备一份,你们的友情就会在浪潮汹涌过后,成为留在岸上的最值得珍藏的贝壳。而你我,不再只是住在对方手机里的朋友,而是住在对方的生活里,甚至生命里。

你随叫随到,是太没安全感?

1

刘路大学时的好哥们鲁辉,因为生意失败缺钱周转,刘路就拿出自己的几万元借给了他。鲁辉知道刘路是倾囊相助,所以对他感激不尽,但之后的每天晚上,鲁辉都会给刘路打电话倾诉苦水。刘路每天下班很晚,回来后,还要花两三个小时陪他聊天解闷。鲁辉抱怨自己的事情之后,还会过问刘路家的事,而且大大小小的事他都要打听。

开始,刘路觉得他心情不好,只要问起,都说上几句。可有一天,刘路回家很晚,发现妻子对他爱理不理,原来鲁辉在电话里跟他妻子评论了不少他的家事,害得妻子以为刘路对她有意见。更糟糕的是,鲁辉还会在半夜三更来找他,让刘路陪他去酒吧。

这样的日子持续了将近一个月，刘路再也忍受不了，妻子、孩子的生活也受到了影响，对他牢骚满腹。刘路觉得自己现在也自身难保了，再也没精力帮他了。有一天，他也跟鲁辉大吐苦水，鲁辉非常尴尬，之后两人的联系越来越少，友情也变淡了。

很多人误以为好友之间应该无话不谈、亲密无间，却不晓得过多了解别人的隐私和过多介入别人的生活，于人于己都是负担！

无论你和朋友多么知心，都须明白“疏不间亲、血浓于水”的道理，你的朋友最亲近的人是他的配偶、子女和父母，而不应是你。

生活中常见的一幕：约朋友周末出来聚聚，朋友说要陪老婆或女友，便讥笑朋友“重色轻友”。

其实，“重色轻友”也没什么不对，无论多要好的朋友，都不应占用对方太多的时间，不应过多介入对方的家事，不要经常性地无事拜访或经常做不速之客。

都说君子之交淡如水，好的友情不是靠说出自己的隐私来维系的。

2

苏菲毕业后结识了琳达和凯蒂，她们在同一个单位工作，既是同事又是朋友，结下了深厚的友情，都说有相见恨晚的感觉。她们三个经常在一起玩，甚至每晚聊到半夜，但就是这样友谊也产生了裂缝。

有一天，因为到外地出差，苏菲和琳达单独住在了一起，交谈中，她们俩才得知凯蒂很虚伪。原来，凯蒂平时在琳达面前总是说苏菲的不是，而在苏菲面前又净说琳达的不是。之后，三个人亲密无间的情形再也看不到了。

在结交朋友的时候，不要一味相信对方的友谊。如果对方是一个别有用心、居心不良的人，友情随时可能被玷污。因此你必须谨慎从事，没有任何坏处。

3

沈辰与任娟是好姐妹，以前她们是同事，自从她们都结了婚之后，两个人的关系也随着发生了变化，变成了闺蜜。

一直以来，沈辰的感情都不是很顺利。在与丈夫谈恋爱的时候，她就曾想过分手，可是任娟听了之后说："现在大龄女人很难找对象，还不如早点结婚算了，分了再找就晚了。"沈辰听了感觉也是如此，于是就结婚了。

如今,沈辰丈夫三天两头都见不到踪影,经常在外面花天酒地,在外面还养了一个情人。这些事情让沈辰无法忍受,她因忍受不了这样的侮辱,坚决地同丈夫离婚了。

沈辰本来因为这段失败的婚姻非常痛苦,不想再提起,然而任娟却常常"提醒"她:"你怎么那么傻。女人,谈恋爱的时候,双眼一定要瞪大点,仔细找一个好老公。结婚之后呢,就睁一只眼闭一只眼。哎!感情就这回事,忍一忍就过去了,谁知道你都不通报一声就离婚了。你看现在一个人,多难过啊……"

任娟对他们感情的这一番评论,让沈辰怔住了,因为她万万没有想到的是,任娟不仅不安慰她,而且还责备自己婚前没有看好老公,离婚之后过的生活是自找的。

"离婚是我自愿的,为什么要通报你们,感情是我的,不需要你们的评论。而且,当初你为什么不劝我别嫁给他呢?"

朋友的感情不要去评论,只能试着去理解。感情是两个人的事,如果第三个人插手,就会变得复杂起来,即使你们是朋友也不行。在朋友遇到感情问题时,也是他最脆弱的时候,他需要的是安慰,不是指责,也不是指手画脚。

4

一位哲人说:“亲密的友谊,可以不拘礼节,此乃理所当然。但是,话虽如此,并非就此容许踏入他人绝对禁止入侵的领域。无论彼此的关系如何,都必须保持某种程度的礼节。”

距离是人际关系的自然属性。有着亲密关系的两个朋友也不例外,成为好朋友,只说明你们在某些方面具有共同的目标、爱好或见解以及心灵的沟通,但并不能说明你们之间是毫无间隙、融为一体的。

距离产生美感。朋友之情再深,也不必随叫随到。如果两个好朋友在事业上能够志同道合,在生活上能够互相关心,而在私人生活上又相对独立,彼此不打扰对方喜欢的生活,那才是一种高尚的友谊,也正是我们作为别人朋友所要追寻的境界。

Chapter 5

优秀的人，从来不会输给情绪

关于情商，道理我们听得太多，可至今没有一种道理可以真正提升我们的能力。为什么你那么聪明却一直没成功？为什么你听了这么多的道理，却也无法过好这一生？因为你总是败给自己的情绪。

别口是心非,TA就是比你强

1

美国一位名叫阿瑟·华卡的农家少年,一直很嫉妒那些商界的成功人士,但是,他是一个好强的人。有一天,在杂志上读了大实业家亚斯达的故事,他很嫉妒亚斯达能有这样巨大的成功,但又转念一想,为什么自己要在这嫉妒呢?再怎样嫉妒都不可能像他那样成功,何不向他请教,对他的成功经历了解得更详细些,并得到他的忠告,这样自己或许也能取得成功。

有了这样的想法与动力后,他跑到了纽约,也不管几点开始办公,早上7点就来到亚斯达的事务所。在第二间办公室里,华卡立刻认出面前这位体格结实,浓眉大眼的人就是亚斯达,这让他兴奋不已。一开始,亚斯达对这个少年有些抵触,然而,当他听到少年问"我很想知道,我怎么才能像你一样赚到百万美元"时,亚斯达的表情变得柔和并微笑起来,两人竟聊了一个小时左右。随后,亚斯达还告诉华卡该怎样去访问其他实业界的名人。

华卡照着亚斯达的指示,遍访了那些曾让他嫉妒的一流的商人、总编及银行家。在赚钱方面,华卡所得到的忠告并不见得对他有所帮助，但是能得到成功者的知遇，给了他自信，他开始化嫉妒为奋进的动力，效仿他们成功的做法。

过了几年，这个24岁的青年，成了一家农业机械厂的总经理，就这样，在不到5年的时间里，华卡就如愿以偿地赚到了百万美元。后来，这个来自乡村粗陋木屋的少年，又成为一家银行董事会的一员。

华卡在以后的创业过程中，一直实践着他年轻时到纽约学到的基本信条："多与比自己优秀的人结交，把嫉妒别人转变为学习别人的长处，以此来帮助自己成功。"

华卡的做法是值得我们学习的，我们可以把嫉妒对象当作对手，不是向他攻击，而是向他挑战、学习。俗话说："只要功夫深，铁杵磨成针。"很多事情别人能干，自己也一样能干，而且可能会做得更好。

比尔·盖茨说："和那些优秀的人接触，你会受到良好的影响。"然而，要与优秀的人物缔结友情，跟第一次想赚百万美元一样，起初是相当困难的。其中的原因并不在于对方的出类拔萃，而在于我们自己的嫉妒之心，不愿友好地进行沟通与交往。

但是，我们不得不承认，与比自己强的人结交是很有好处的。

第一，和比自己优秀的人在一起，我们可能会有"嫉妒别人""容不得自己不如别人""别人行，我一定也行"等心理，于是我们就会寻求成功的秘诀，努力学习知识，这样就将嫉妒之心转化为了好强的求胜之心，促使我们能够很快地成长并超越别人。

第二，结交一个优秀的人，比我们做的任何决定都来得重要。因为，借由他们的成功经验、成功模式，能使我们在非常短的时间内，产生非常大的效益。他们也把他们失败时所做错的事情让我们知道，哪些是我们不要做、不能犯的错误。他们会让我们省下非常多的时间，走对方向，少走弯路。

2

如果你觉得别人比你好，比你出色，你就想加把劲赶上去，力争上游。有意识地提高自己的思想认识水平，正是消除和化解嫉妒心理的直接对策。

对于比你强大和能干的人，你不仅要有单纯的羡慕和崇拜，你更应该抱持一种“我一定会比你强，我一定能超过你”的想法。有了积极正面的思考方式，然后才会带来奋发向上的实际行动。争取做到“后来者居上”，你才能活出生命的色彩。

尽管嫉妒和羡慕只是一线之差，却有着天渊之别。嫉妒的人是在打击别人的过程中寻找快乐，以求得心理平衡，而他们自己的生活却搞得一团糟。

学会熔炼嫉妒，那就是把本能的嫉妒转化为进取的动力，把不平静的心态归于平静，把蔑视别人的目光转到自己的短处上,这样嫉妒就会变成一种催人奋发的动力。其实,你大可不必嫉妒他人,俗话说:“尺有所短,寸有所长”。每个人都会有长处和短处, 为什么要用自己的短处与别人的长处比,自寻烦恼呢?相反的你可以把嫉妒化成动力,用自己的努力去缩短与别人的差距,甚至超越他人,换成别人对你的羡慕。

如果一个人很喜欢与别人进行比较,同时又不能对自己做出正确的评价,就会产生嫉妒。比较会导致自卑,失去信心,当机会再一次来临时,就会失去尝试的勇气,连超越他人的志气都会化为乌有。

工作及社交中嫉妒心理往往发生在双方及多方,因此注意自己的性格修养,尊重与乐于帮助他人,尤其是自己的对手。这样不但可以克服自己的嫉妒心理,而且可使自己免受或少受嫉妒的伤害。同时还可以取得事业上的成功,又能感受到生活的愉悦。

与其嫉妒那些比自己强的人,还不如把嫉妒变为动力,多结交一些比自己强的人,从他们的身上学习成功的经验,提高自己的能力,促使自己也成功。

3

看到与自己所嫉妒的人之间的差距,以所嫉妒的人为榜样、为目标,扬长避短,择其善而从之,见其恶而避之,自己努力改进,迎头向上,积极地将嫉妒心理转化为进取的动力,不会让嫉妒使自己的心理不平衡。

同时我们应当认识到,有些事情是不取决于人自身的。如一个人的出身、相貌等,不是想改变就能改变的,因此我们没有理由去嫉妒别人。我们要挖掘己不如人的根源。要弄明白别人到底为什么比自己强。也许,他取得的成绩是努力拼搏的结果,我们自己是不是做得还很不够呢?如果是,我们应当提醒自己加倍努力。

“山不厌高,海不厌深”,“海不辞水,故能成其大;山不辞土石,故能成其高;明主不厌人,故能成其众”,“合抱之木,生于毫末;千里之行,始于足下”。既然已知自己的弱处,既然看到自己与别人的差距,就不该将精力浪费在嫉妒别人之上,而应该知耻而后勇,化嫉妒为拼搏的动力,注意点滴的积累,从今天开始,从足下开始,不耻下问、不疲请教。

“箭欲长而不在于折他人之箭。”“天外有天,人上有人。”茫茫人海总有人会有一面长于自己,此时我们不应嫉妒他人,做出毁灭、扼杀别人的行为,而应觉得不甘心,想要比别人强,积极地提高自身的价值与素养。

对别人产生嫉妒并不可怕,关键要看我们能不能正视嫉妒。如果能把嫉妒转化为动力,时时鞭策自己,化消极为积极,往往会使我们赶上甚至超过别人。

总有人比我更倒霉,反正我是这样想

1

在印度的一个工地,工人们正在辛苦地盖房子。这个房子有两层楼高,房子盖得差不多了,但是房顶上剩了很多砖,于是,老板让一个建筑工人上到房顶上,去把那些多余的砖弄下来。

这个建筑工人很聪明,他想到了一个省力省时的好办法。他做了一个简单的定滑轮固定在房檐上,然后用一根很结实的绳子绕过滑轮,一头系着一个盛砖的大筐,另一头系在地上固定住。弄好后他就往筐里装满了砖,这筐砖比他的体重要重。然后他就下到地面,解开了系在地上的绳子。

结果灾难发生了,这个工人一下子被筐拉起来了,升到中间时,急速下降的筐正砸向他的头,他一偏脑袋,筐砸断了他的左锁骨。但是,筐还在继续下降,这个工人也继续在上升,升到房顶处的时候,他的手指卡在那个定滑轮的槽里,两根手指一下就被卡断了。这时,筐也掉到了地上,砖头散落了一地。这一下,筐一下变轻了,所以就往上升,而人自然往下降,结果,这个工人降到地上,屁股又给乱砖给扎破了,他手一松,筐掉了下来,并砸在了他的头上,当场把他给砸死了。

想必没有人比这个建筑工人更倒霉了，所以，如果你遇到倒霉事，就想想这个工人，你应该庆幸才对。

2

要说起倒霉，谁都是倒霉事一箩筐。在网上随便输进去倒霉两个字，就能搜出上千万条“倒霉”信息，谁都觉得自己是最倒霉的人，可以看到很多类如“我是世界上最倒霉的人”“有谁比我更倒霉”“为什么我这么倒霉”等标题。当倒霉找到你的时候，你可能会想，生活真是没劲透了，活着还有什么意思？

哈维常为很多事情而忧虑，觉得自己很倒霉，先是工作没了，后来经商被骗破产了，花了7年时间才还清债务；妻子也离他而去；孩子也总是给他找麻烦……总之，没有一件让他高兴的事，他觉得上天对自己太不公平了，什么倒霉事都让他赶上了。可是有一天，哈维突然转变了，人变得乐观起来了，不再时时抱怨说自己如何倒霉了。

那是1934年春天，哈维正在一条街道上无精打采地彷徨，突然有一幕景象落到了他的眼里，让他倍受触动。他看见路对面来了一个没有腿的人，坐在一块简易的木板上，木板下面像溜冰鞋一样装了滑动的轮子，两手拿了木棍撑住地面往前滑，时刻注意躲闪过往的车辆和行人。这人过街后，准备把自己挪到人行道上去。人行道比马路高出一点,正当他的小板子搬到马路上的时候,哈维跟他目光相对,这人坦然、快活地和哈维打了招呼:“早上好, 今天是个好天气, 你觉得呢?”哈维有点吃惊,他现在才发现自己原来是如此的幸运,至少他还有两条健康的腿。面对这样一个勇敢面对生活的人,哈维为自己以前的自怨自艾感到羞愧,他开始认为自己的遭遇算不上一个倒霉的人。

从此,哈维每天早起在刮胡子的时候,就看看贴在镜子上的那句话:“别人骑马我骑驴,回头看看推车汉,比上不足,比下有余。”有人比自己更倒霉,没有理由沮丧,生活其实很美好。

3

犹太人有句谚语:“假如你失去一只手, 就应该庆幸自己还有另外一只手;假如失去两只手,就应该庆幸自己还活着,如果连命都没了,就没有什么可烦恼的了。”当你觉得倒霉的时候,不妨换个角度看问题,看看自己还拥有什么,这样你会觉得自己还是很幸运的。比如,当你为洒掉半杯啤酒而懊恼时,不如为拥有半杯啤酒而快乐;再比如,不小心摔倒时,你应该想:“幸好我是在这里摔倒,而不是在危险的地方摔倒。有人不是掉到下水道里摔死了吗?真是老天保佑,真是幸运了。”

曾有一个朋友跟随一个旅游团去外地观光,坐的是大巴车。路上要经过一段蜿蜒的山路,十分崎岖。不过,司机说没问题,他对这条路很熟,把车开得很快。正当大家兴致勃勃地观赏窗外的风景时,悲剧发生了,大巴车与一辆货车几乎走了个对面,大巴车匆忙躲闪,由于车速过快,大巴车失去控制,一下就翻到了山沟里,车里的乘客非死即伤。

这个朋友也伤得很重,左腿被狠狠地卡到了车座里,后来被送进医院,医生不得不宣布截去他的左腿,这意味着他从此要与假肢、拐杖和轮椅为伍了。但是,这位朋友醒来后,没有痛苦多长时间,非常乐观。亲戚朋友们来看他,以为他是在强颜欢笑,一边安慰他,一边叹息道:“真是倒霉啊!”出乎意料的是,这位朋友却说:“还好,我觉得我很幸运,除了这个不听话的腿,我身上其他零件都还好好的,什么也耽误不了,那些丢了命的人,才是最倒霉的啊!”

有时候,“倒霉”会爱上你,跟你形影不离,你到哪里它就跟到哪里,你差点就要被它给逼疯了,生活变得一团糟,你的心情完全像“乌云遮月”一样阴暗。这时,你怎么办?你怎么才能让心情美好起来?你要想还有人比你更倒霉。

记住,你永远不是最倒霉的那一个,有人比你更倒霉。当你遇到不开心的事时,想想那些比你更不开心的人,他们比你更有资格去唉声叹气、自暴自弃。你仔细想想,你是不是还拥有其他的东西？比如有份自己喜欢的工作；有两个可以诉苦的闺蜜或哥们；还有几件不错的衣服可以替换；还抽得起烟；还能去上网；还能到父母家去蹭吃蹭喝；还有一把力气；还能看见明天的太阳……你还有什么不满足的呢？

有个成语叫“木已成舟”

1

一天，森林之王狮子，来到天神的面前：“我很感谢你赐给我如此雄壮威武的体格、如此强大无比的力气，让我有足够的能力统治这整座森林。但是尽管我的能力再好，每天鸡鸣的时候，我总是会被鸡鸣声给吵醒。神啊！祈求您，再赐给我一个力量，让我不再被鸡鸣声给吵醒吧！”

天神笑道：“你去找大象吧，它会给你一个满意的答复的。”

狮子兴冲冲地跑到湖边找大象，还没见到大象，就听到大象所发出的一阵阵“砰砰”的跺脚声。狮子跑向大象，却看到大象气呼呼地直跺脚。狮子问大象：“你干吗发这么大的脾气？”大象拼命摇晃着大耳朵，吼着：“有只讨厌的小蚊子，总想钻进我的耳朵里,害我都快痒死了。”

狮子离开了大象,心想:“原来体型这么巨大的大象,还会怕那么弱小的蚊子,那我还有什么好抱怨的呢?毕竟鸡鸣也不过一天一次,而蚊子却是无时无刻不在骚扰着大象。这样想来,我可比它幸运多了。”狮子一边走,一边回头看着仍在跺脚的大象,心想:“天神要我来看看大象的情况,应该就是想告诉我,谁都会遇上麻烦事,而它并无法帮助所有人。既然如此,那我只好靠自己了!反正以后只要鸡鸣时,我就当作鸡是在提醒我该起床了,如此一想,鸡鸣声对我还算是有益处呢?”

人生是没有一帆风顺的,未来的道路总会遇到不幸和痛苦,但聪明人不恨它,反而感谢它,因为人生在得到金钱、地位、名誉、健康或美貌后,还需要逆境作陪衬,这才算是真正的人生。

2

有个成语叫“木已成舟”,听到这个词,就会觉得人生有很多无奈,但有些事情是我们不能把握和控制的。既然已经既成事实,我们就不要再为成小舟前的那块木头做各种假设,也许在能工巧匠的手下,它可能变成一张典雅而高贵的梳妆台,或者经过不同程序的加工会变成一张张洁白的纸,总之,在没有变成小舟之前,它的命运有很多种。可是,既已成舟，意味着“放弃”了其他所有可能的命运，只能以船的形式存在着，就算不喜欢，甚至厌恶，也不能改变。

在我们的生活中，不是经常面临着“木已成舟”的事实吗？

比如，我们没有生在经济发达的大城市；高考的时候遭遇了变革；大学所读的专业不是自己喜欢的；毕业后又碰上几百人，甚至几千人为抢一个饭碗挤破脑袋的局面……

也许这都是时代的错，比这更让人难以接受的是，我们的身体天生就不完美。面对这些，有的人学会了抱怨，抱怨自己没有生在一个更好的时代，抱怨上天对自己是多么的不公平。可是，抱怨的结果又能怎样呢？也只能徒增悲伤和烦恼，或者把自己推向另一个看不到希望的人生沼泽地。

既然木已成舟，再多的抱怨也无济于事，我们就只能接受，接受遭遇的不公，接受生活的真相。就像我们打扑克的时候，无论抓到的是一手好牌还是烂牌，都要想办法，发挥出最高的水平去赢下来。勇于接受生活真相的人，才能成为真正的强者。

3

全美职业篮球联赛（NBA）的黄蜂队中，有一位身高仅1.60米的运动员，他就是博格斯——NBA最矮的球星。即便是对普通的男人来说，身高1.60米，也是一种缺憾。但是，博格斯却接受了自己的身材矮小这个无法改变的事实，毫不气馁，自信而努力地在“长人如林”的篮球场上竞技，并且跻身大名鼎鼎的NBA球星之列。

从小就喜爱篮球运动的博格斯，因天生身材矮小，在一起玩球的伙伴们都瞧不起他。有一天，博格斯很伤心地问妈妈：“妈妈，难道我就这样不长个子了吗？”妈妈鼓励他：“孩子，你会长得很高很高，只要你努力，你一定会成为大球星。”从此，长高的梦像天上的云在他心里飘动着，每时每刻都在闪烁希望的火花。

博格斯一直苦练球技，虽然自己的身高不如其他队员，但是，每次有他，所在的球队总是能赢球，博格斯也逐渐成了球队的明星。“业余球星”根本不是自己的篮球理想，博格斯的野心更大了，他想进入NBA，但是面临着更严峻的考验——1.60米的身高能打好职业赛吗？博格斯横下一条心，个儿矮也能闯天下。“别人说我矮，反而成了我的动力，我偏要证明矮个子也能做大事情。”

博格斯在威克·福莱斯特大学和华盛顿子弹队的赛场上，收走了从下方来的90%的球。博格斯简直就是个“地滚虎”，他飞速地低运球……后来，博格斯进入了夏洛特黄蜂队（当时名列NBA第三），在他的一份技术分析表上写着：“投篮命中率50%，罚球命中率90%。”

博格斯能以1.60米的身高名扬NBA不是靠侥幸或者运气，而是个人的努力和实力。当年博格斯与2.29米的“竹竿”肖恩·布莱德利并肩而立，高度的反差形成鲜明对比，成为NBA

的宣传海报，就是告诉所有热爱篮球的年轻人："来NBA，只要你有真本事，不管身高多少都能站住脚。"

4

不要抱怨上天给予自己的不够多，也不要抱怨自己的命运是如何的坎坷，很多有所成就的人，比如霍金、贝多芬、海伦·凯勒，并不是因为上天多么垂青他们，而是因为他们勇于接受事实、接受生活的真相。

有人说，不幸是催生美好的力量。没错，如果没有经历颠沛流离人生失意的挫折，我们能阅读到曹雪芹那不朽的巨著吗？如果李白真的官场得意、平步青云，他还能吟出千古传诵的诗篇吗？

遭遇不幸，更多的人会拿假设来慰藉自己，这本无可厚非，但若是沉溺其中，这些假设就会成为你心灵的枷锁，束缚你追求成功的力量。所有发生的事情，都是注定无法改变的真相。你若想否认这些事实，其实就是在否定自己。我们要学会接受真相，不和过去的任何事情较劲，才有精力去"改造"自己不尽如人意的命运。

有人说："人生因为遗憾而美丽！"如果我们不能把不幸看作是上天给我们的另一种恩宠，那么不妨就试着让自己接受。人生不如意十之八九，一味地抱怨生活，天空永远布满阴霾，学会接受，天空才会是一片艳阳天。

一失足未必就成千古恨

1

培根是17世纪欧洲一位显要的人物。从小就生在贵族家庭中的他，曾经担任过英国驻法国大使馆工作人员，还当过律师，并在议会选举中当选为议会议员。在他官运亨通、平步青云、春风得意的时候，他因贪污受贿罪，而被监禁于伦敦塔内。出狱后，他又被终生逐出朝廷，不得再担任任何官方职务，不得参与议会。

从此，培根开始专心从事著述。他提出了著名的“要命令自然，就要服从自然”“知识就是力量”等一系列对后人影响深远的口号，并建立了自己的唯物主义经验论。曾经的失足使培根成为了英国唯物主义和整个现代实验科学的真正鼻祖；成为了英国17世纪伟大的唯物主义哲学家、世界哲学史和科学史上具有划时代意义的人物。也正是由于这次失足，让培根成为了在人类思想史上占有重要地位的一代巨人，成为一名被后人永远铭记的哲学家。

一时的失足没有什么大不了，我们未来要走的路还很长；一次失足并不是世界末日，它只不过是一个新的开端，是命运让我们做个全新的更好的自己。

“失足”既可以成为埋葬信心的坟墓，也可以成为“从头再来”的起点。失足并不代表着失败，只是表明成功或许需要变换一下方向；失足也并不意味着你浪费了时间和生命，不过表明你有理由重新开始。

人生总是有得有失，得到了这个，失掉了那个，有的人很贪心，想要把一切都攥在手里，失掉了某一样都变得不开心，这样就是没有参透得失的本质。

我们在得失之间要有一颗平常心。塞翁失马的故事都听说过，在这个故事中，塞翁失去了很多东西，但是唯一不变的就是他快乐的内心，他始终保持着一个平和的心态。

2

“一失足成千古恨”这是千年古训，教育了多少人，无非就是要求人们把握好自己的人生方向，千万不要走上错路，最后让自己后悔。

但，并非一失足就成千古恨。

勾践卧薪尝胆的故事，人们都已经听了很多次。

当初越王勾践不听大臣范蠡劝谏，坚持要发兵攻打吴国，结果在夫椒一战中大败，并且被押往吴国为吴王养马3年。勾践为当初的鲁莽冲动付出了惨痛的代价，他卧薪尝胆，立志一定不忘亡国之恨。于是，在历经千辛万苦回到越国之后，他时时刻刻都提醒自己要报仇雪恨。他励精图治、事必躬亲。同时，一有空闲，就和农民一样到农田里扶犁耕作。他的妻子也亲手纺线织布。在这段时间里，他们生活简朴，粗茶淡饭，待人平和，礼贤下士，厚待宾客。最后，终于打败了吴国。

一失足未必就成千古恨，只要你能够找到失足的原因，尽快调整心态，克服失败给自己心灵残留下的阴影，逐步恢复自信，继而自强不息，这样才能不再让悔恨吞噬心灵。

没有谁会注定一帆风顺，也没有人注定一生失足，生活对每个人都是公平的，即使失足了，也并不意味着天塌下来了。只要你敢于正视失足，它就可以使你学到并深刻体验到许多真知灼见，并使你对此难以忘怀。失足还可以使你认识到自己的能力与局限，了解自己是否成熟。

所以，不要恐惧失足，它带给你的会比成功带来的更多。

失足是一件让人们痛苦的事情，它令人悲伤。但更痛苦的是失足之后的束手无策，是失足后的不能警醒。对于失足，人们总是习惯于先从客观上找理由，古人经常归咎于上天不公或命运不济，现代人经常归之于运气不好，但实际上这多半是托词，是借口。

3

杭州灵隐寺中有一副对联，上联是“人生哪能多如意”，下联是“万事但求半称心”。有时，人们会因为失去了身外之物，而因此失去了好心情，可谓是得不偿失。

在人生的道路上，每个人都在不断地遇到令自己烦恼的事情，包括名誉、地位、财富、亲情、人际关系、健康、知识、事业，等等。这些“东西”压得人们喘不过气来，使人们失去了原本应该享受的乐趣，增添许多无谓的烦恼。一旦失去其中一种便会大为在意，甚至恼火沮丧，要“想办法夺回来”。

一个人的失足，最主要的原因应该是自己亲手造成的，或者说绝大多数失足都与自己有关，与自己的个性或失误有关。不是因为自己的性格、心理、意志等方面存在缺陷，就是因为方法不当、措施不力，再不就是因为自己的判断失误或误入歧途。

再多的客观因素，也不能使你推卸掉自己身上的责任，最起码是自己没有看清形势或错误地估计了形势造成的。

当你出现失足的情况时，要及时的改正，否则失足就永远只是失足，而决不能转化为成功。

失足并不可怕，跌倒了爬起来就是了。但是，怕的就是被失足打倒，失足后一蹶不振，在失足中越发沉沦。

你的宽容里藏着你的福报

1

古希腊神话里有一个大英雄名叫海格力斯。一天，海格力斯走在坎坷不平的山路上，发现有个袋子一样的东西挡住了去路，便踢了那东西一脚，没想到那东西不但没有被踢破，反而膨胀了起来，变得更加大了。海格力斯愤怒不已，抡起一根碗口粗的木棒去砸那东西，结果它竟膨胀到把路给堵死了。

就在这时，一位圣人从山中走出，他对海格力斯说："快别动它，朋友，忘了它，离它远去吧！它的名字叫仇恨袋，你不侵犯它，它就会小如当初；你若侵犯它，它便会膨胀起来，把你的路给挡住，和你敌对到底！"

是啊，"仇恨袋"不过是个象征。报复的火焰一旦燃烧起来，可以让人的理智窒息；报复如同一把双刃剑，在你报复别人的时候，也正有一把剑在刺向自己。所以，当遭遇背叛、伤害时，应该选择理智而不是冲动，选择宽容而不是报复，选择放下而不是执着，这样，才能真正走出伤害，重新开始自己的生活。

原谅可容之言，饶恕可容之事，包涵可容之人，时时宽容，常常忍让，才会达到精神上的制高点，“一览众山小”才会宠辱不惊、心境安宁。而被宽恕者自会感恩图报，以求心灵上的自我救赎，这样便达到了“双赢”的效果。

2

有一位著名的音乐家，在成名前曾经担任过俄国彼德耶夫公爵家的私人乐队的队长。

突然有一天，公爵决定解散这支乐队，乐手们听到这个消息的时候，一时间全都面面相觑、心慌意乱，不知道如何是好。看着这些和自己一起同甘共苦许多年的亲密战友，他睡不安稳、食不甘味，绞尽脑汁想出了一个主意。

他立即谱写了一首《告别曲》，说是要为公爵做最后一场独特的告别演出，公爵同意了。

这一天晚上，因为是最后一次为公爵演奏，乐手们表情呆滞、万念俱灰，根本打不起精神，但是，看在与公爵一家相处这些日子的情分上，大家还是尽心尽力地演奏起来。

这首乐曲的旋律一开始极其欢悦优美，把与公爵之间的情感和美好的友谊表达得淋漓尽致，公爵深受感动。渐渐地，乐曲由明快转为委婉，又渐渐转为低沉，最后，悲伤的情调在大厅里弥漫开来。

这时，只见一位乐手停了下来，吹灭了乐谱上的蜡烛，向公爵深深地鞠了一躬,然后悄悄地离开了。过了一会儿,又有一名乐手以同样的方式离开了。就这样,乐手们一个接着一个地离去了,到了最后,空荡荡的大厅里,只留下了他一个人。只见他深深地向公爵鞠了一躬,吹熄了指挥架上的蜡烛,偌大的大厅刹那间暗了下来。

正当他也像其他乐手一样,正要独自默默地离开的时候,公爵的情绪已经达到了顶点,他再也忍不住了,大声地叫了起来:“这到底是怎么一回事呢?”他真诚而深情地回答说:“公爵大人,这是我们全体乐队在向您做最后的告别呀!”这时候,公爵突然醒悟了过来,情不自禁地流出了眼泪:“啊!不!请让我再考虑一下。”

就这样,他用一首《告别曲》的奇特氛围,成功地使公爵将全体乐队队员留了下来。他就是被誉为“音乐之父”的世界著名音乐家——弗朗茨·约瑟夫·海顿。

在滚滚红尘中,有不少人会按照“以彼之道还施彼身”的做法生活。比如,在被抛弃、被辞退、被退学的时候,往往会愤愤离去,甚至采取报复行为;还有一种情况,有的人在抛弃对方或者准备跳槽时,也不愿意给对方留下一个好的印象,结果出现了一种糟糕的结局。

人生在世,注定要受许多委屈。而一个人越是成功,所遭受的委屈也就越多。智者懂得隐忍,往往选择原谅周围的那些人,让自己在宽容中壮大。

3

有一天,一个强盗突然闯进禅院,朝着正在打坐的七里禅师恶狠狠地说:“快把你们禅院的钱都拿出来,不然就杀了你!”

七里禅师平静地指着一个木柜,说:“所有的钱都在里面,你自己去取吧!不过,希望你能够给我们留下一点,因为禅院快要没米了。”

强盗得手后,就急着逃走。这时,七里禅师说:“你等等。”

强盗不解地问:“你想干什么?”

“收了别人的东西,应该说声谢谢才对啊!”七里禅师认真地说。

强盗迟疑了一下,对禅师说:“谢谢。”然后就跑了。

天网恢恢,疏而不漏,这个强盗最终还是被捕了。衙役把他带到七里禅师面前,问七里禅师:“这个人曾经抢劫过你,是吗?”

强盗非常惶恐地看着七里禅师,他知道,只要对方说一声“是”,自己的下半生就只能在监狱里度过了。他心想:“我完了,七里禅师没有理由不指证我。”

但是令人万万没有想到的是,七里禅师竟对衙役们说:“他没有向我抢钱,是我自愿给他的,而且,他也谢过我了。”

就这样,强盗逃过了一劫。但是,由于他还曾在其他地方犯过案,所以被衙门处以一年监禁。

在监狱中,强盗始终在想:“七里禅师为什么没有揭发我呢？难道仅仅是因为自己对他说了声谢谢，他就宽恕了我的罪过吗？”这个问题始终困扰着强盗，但他也由此对七里禅师产生了敬重之心。从前，他在做坏事的时候，总觉得自己已经堕落了，无论自己将来如何改变，别人都不会宽恕自己。但是现在，强盗有了另一种感受，就是还有人能够宽容自己的愚蠢和邪恶，这人就是七里禅师。

强盗服刑期满之后，立刻来叩见七里禅师，真诚地恳请禅师收他为徒。

七里禅师笑着对他说：“我可以宽恕你的罪恶，但是这还不够，你自己必须要宽恕自己才行。从前的事情，你都忘了吧！从今往后，宽恕自己，宽恕别人，让你的生命重新开始。”

强盗顿悟，从那以后和七里禅师一起修禅行道，终成一代高僧。

《法华经》有云：“我深敬汝等，不敢轻慢。所以者何？汝等皆行菩萨道，当得作佛。”古人也说：“敬人者，人恒敬之！”“我敬人一尺，人敬我一丈！”宽容确实是一种博大的情怀，能够包容人世间的一切悲苦。宽容也是一种境界，它能使你得到世人的尊重，使人生跃上新的台阶。

人一生的福气有许多种，但其中最温暖的，便是宽容和爱。因为这种福气并不来自外界，而是完全发自人的内心。拥有了宽容，就拥有了佛家所说的“福报”，生命也会因宽容而获得升华。

你越是想追求百分百的公平,越是会觉得世界对你不公平

1

小黄和小李同一天进公司,被安排在同一个部门。

刚开始的时候,小黄和小李没有什么两样。一周上五天班,早上9点上班下午6点下班,上下班打卡,迟到早退要扣工资,有事不来要向人力部门请假。

一个月后,小黄发现小李经常不来上班,小黄以为小李有什么事情而不来上班,也就没有太多理会。但是,偶然的一次,小黄在公司上QQ联系一笔业务的时候,发现小李也在线。小黄出于好奇就问小李:“你今天怎么不来上班?有事吗?不来上班要扣工资的。”小李只是说自己有事并没多说什么。出于好意,小黄问小李要不要替他请假,小李直截了当地告诉他不用,他不来上班从来就没有请过假。

等到发工资的那一天,小黄留意了一下,发现财务给小李的工资和他的一模一样,也就是说,这一个月小李迟到早退不来上班没有扣一分钱。

小黄开始纳闷了,他想,难道是公司的制度有所变化?于是,他也学小李,一周只来几天,其他的日子干别的事情去

了。到了月底发工资的时候，小黄大吃一惊，自己的工资被扣掉了一半！理由是：他有一半的天数没来上班。

小黄很生气，他觉得太不公平了，气呼呼地找财务理论。财务叫他去找老板，她没有权利，只是按规定办事。

这时候，和小黄关系不错的一个老员工偷偷地告诉他："你别去找老板了，你还不知道吗？小李是老板的外甥！"

小黄听了这话，恍然大悟，幸好还没去找老板，否则后果不堪设想！从此以后，小黄再也不苛求所谓的公平了。

实际上，绝对的公平并不存在，不仅是职场，其他领域里也是一样，这个世界不是根据公平的原则而创造的。譬如，老鹰吃蛇，蛇又吃鼠，鼠又吃粮食……只要看看大自然就可以明白，这些受到威胁的弱者永远是不公平的，强者生存，弱者灭亡，优胜劣汰，没有公平可言。一味地追求绝对的公平，只会导致心理严重失衡，使自己变得浮躁不安。

2

小夏费了很大的周折才进了一家大型国有企业。有一天，小夏他们楼层的锅炉热水器坏了，喝开水要到楼上去打。这样，每天提着热水壶上楼打开水自然成了小夏分内的事，因为小夏是刚来的，又是一个年轻人，所以大家都觉得这是理所当然的事。这天上午，小夏到外面办事去了，中午回到办公室渴得不行，想喝点儿水，于是，他揭开热水壶盖，一看，里面空空如也。小夏很生气，大声说从明天起轮流打开水，不能让他一个人承包，但没人响应。

于是，第二天早晨上班后他也不打开水了。结果可想而知，当天中午他就被领导叫到办公室训斥了一顿，说他太懒惰，连这点儿小事也不愿意做。

应该说，这事对小夏的确不公平，但在现代职场上，永远也不会有绝对的公平出现！道理很简单，无论社会进步到什么程度，企业管理如何扁平化，企业内部永远是个金字塔结构。既然是个金字塔，就必然会有上下之分，就必然会有不平等的现象存在。

企业作为最大利润谋求者，与追求“公平”相比，它更喜欢“效率”。在一个公司内部，如果没有适当的等级制度和淘汰制度，它就会因为自己的“仁义”而失去竞争力，就会在竞争中遭到淘汰。因此，在现实生活之中，永远不会出现你想象中的那种“公平”。

反而，不争辩，放弃无谓的辩解，有时却能带给你意想不到的结果。

“张总您好，”王某对张总说，“昨天我交给您的文件，您签了吗？”张总想了想，然后翻箱倒柜地在办公室里折腾了一番，最后，他耸了耸肩，摊开两手无奈地说：“对不起，我从未见过你的文件。”

如果是刚从学校毕业，王某也许会义正辞严地说：“我看着您的秘书将文件摆在桌子上，您可能将它丢进废纸篓了！”可现在他才不会这样说呢。既然张总找不到了，那又何必与他计较呢？因为结果是他的签字。

于是王某平静地说：“那好吧，我回去找找那份文件。”于是，王某下楼回到自己办公室，把电脑中的文件重新调出再次打印，当王某再把文件放到张总面前时，他连看都没看就签了字，其实，他比王某还清楚文件原稿的去向。

说到实际，谁是谁非也并不重要，即便是你对了而上司错了，要学会开动脑筋为上司寻找一个下台的台阶，无论如何，解决冲突的前提是合作！如果你动不动就对公司的制度提出质疑，或者动不动就和老板理论，到头来往往是搬起石头砸自己的脚。

3

接受生命不公的事实有一个好处，就是让我们不要再为自己抱屈，反而鼓励我们竭尽所能去努力。我们终于晓得，让一切变得完美，并不是“生命的责任”，而是我们的挑战。接纳这个事实也让我们不要替他人难过，因为它提醒我们，每个人都有自己的遭遇，也都有自己的特殊力量与挑战。

我们常常会看到这样一些现象：没有能力的人身居高位,有能力的人怀才不遇;少做或者不做事的人,拿的工资要比做事的人还要高;同样的一件事情,你做好了,老板不但不表扬,还要对你鸡蛋里挑骨头,而另外一个人把事情做砸了,却得到老板的夸赞和鼓励……诸如此类的事情,我们看了就生气,会理直气壮地说:“这简直太不公平了！”

美国心理学家亚当斯提出一个“公平理论”,认为职工的工作动机不仅受自己所得的绝对报酬的影响,而且还受相对报酬的影响。人们会自觉或不自觉地把自己付出的劳动与所得报酬同他人相比较,如果觉得不合理,就会产生不公平感,导致心理失衡。

公平,这是一个很让我们受伤的词语,因为我们每个人都会觉得自己在受着不公平的待遇。事实上,这个世界上没有百分百的公平,你越想寻求百分百的公平,你就会越觉得别人对你不公平。

对于职场上种种不公平的现象,不管你喜不喜欢,都是必须接受的现实,而且最好主动地去适应这种现实。追求公平是人类的一种理想，但正因为它是一种理想而不是现实,所以作为职场新人,你除了适应别无选择。不管你在学校成绩多么优秀,才华多么横溢,当你离开学校进入职场之后,你与其他的人并没有什么两样,只是一个普通的新人而已。

首先我们要摆正心态，不必事事苛求百分百的公平,对生活中的小事看开一点儿,不要斤斤计较,对已经过去的事情不要耿耿于怀,把精力和时间放在创造新的价值上。这样,就单个事情来说不一定公平,但从整体上来说就公平了。

其次我们可以设法通过自己的奋发努力来求得公平。如果你觉得不公平就放弃努力,那你就错了。

最后我们还可以改变衡量公平的标准。公平是相对而言的,衡量公平的标准也不是一成不变的,当你换个角度来看问题时,你会发觉自己得到的比失去的要多。不公平是一种进行比较后的主观感觉,因而只要我们改变一下比较的标准,也能够在心理上消除不公平感。

Chapter 6

此间风景独好，为何不站在桥上看一看

用心倾听风的声音，总会对生活有些感悟。当你闭上眼睛，让风的声音，轻轻的滑过耳边，拂过眼帘。听着这首宛如天籁的乐曲，闻着它为你带来远方的一缕清香。在自然的旋律中领略空灵与净美，获得安宁与休憩，感悟人生的真谛，汲取生命的力量。

天空不留下我的痕迹，但我已飞过

1

日本有个白隐禅师，他的故事在世界各地广为流传。其中台湾著名作家林新居撰写的《就是这样吗？》颇为感人。

讲的是有一对夫妇，在住处附近开了一家食品店，家里有一个漂亮的女儿。无意间，夫妇俩发现女儿的肚子无缘无故地大起来。这种见不得人的事，使得她的父母震怒异常！在父母的一再逼问下，她吞吞吐吐地说出“白隐”两字。

她的父母怒不可遏地去找白隐理论，但这位大师不置可否，只若无其事地答道：“就是这样吗？”孩子生下来后，就被送给白隐。此时，他的名誉虽已扫地，但他并不以为然，只是非常细心地照顾孩子，他向邻居乞求婴儿所需的奶水和其他用品，虽不免横遭白眼，或是冷嘲热讽，他总是处之泰然，仿佛他是受托抚养别人的孩子一般。

事隔一年后，这位没有结婚的妈妈，终于不忍心再欺瞒下去了。她老老实实地向父母吐露真情：孩子的生父是在鱼市工作的一名青年。

她的父母立即将她带到白隐那里，向他道歉，请他原谅，并将孩子带回。

白隐仍然是淡然如水，他只是在交回孩子的时候，轻声说道："就是这样吗？"仿佛不曾发生过什么事；即使有，也只像微风吹过耳畔，霎时即逝！

白隐为了给邻居的女儿以生存的机会和空间，代人受过，牺牲了为自己洗刷清白的机会，受到人们的冷嘲热讽。但是他始终处之泰然，"就是这样吗？"这平平淡淡的一句话，就是对"宠辱不惊"最好的解释，反映了白隐的修养之高，道德之美。

2

人生无坦途，在漫长的道路上，谁都难免要遇上厄运和不幸。人类科学史上的巨人爱因斯坦，在报考瑞士联邦工艺学校时，竟因三科不及格落榜，被人耻笑为"低能儿"。小泽征尔这位被誉为"东方卡拉扬"的日本著名指挥家，在初出茅庐的一次指挥演出中，曾被中途"轰"下场来，紧接着又被解聘。为什么厄运没有摧垮他们？因为在他们眼里始终把荣辱看作是人生的轨迹，是人生的一种磨炼。假如他们没有当时的厄运和无奈，也许就没有日后绚丽多彩的人生。

19世纪中叶美国有个叫菲尔德的实业家，率领工程人员，要用海底电缆把"欧美两个大陆连接起来"。为此，他成为美国当时最受尊敬的人，被誉为"两个世界的统一者"。在举行盛大的接通典礼上，刚被接通的电缆传送信号突然中断，人们的欢呼声变为愤怒的狂涛，都骂他是“骗子”“白痴”。可是，菲尔德对于这些毁誉只是淡淡地一笑。他不作解释，只管埋头苦干，经过几年的努力，最终通过海底电缆架起了欧美大陆之桥。在庆典会上，他没上贵宾台，只远远地站在人群中观看。

菲尔德不仅是“两个世界的统一者”，而且是一个理性的战胜者。当他遇到难以忍受的厄运时，通过自我心理调节，然后做出正确的选择，从而在实际行为上显示出强烈的意志力和自持力，这就是一种理性的自我完善。

3

世上有许多事情的确是难以预料的，成功伴着失败，失败伴着成功，人本来就是失败与成功的统一体。人的一生，有如簇簇繁花，既有红火耀眼之时，也有暗淡萧条之日。

面对成功或荣誉，要像菲尔德那样，不要狂喜，也不要盛气凌人，把功名利禄看轻些，看淡些；面对挫折或失败，要像爱因斯坦、小泽征尔那样，不要忧悲，也不要自暴自弃，把厄运羞辱看远些，看开些。

人要有经受成功、战胜失败的精神防线。成功了要时时记住，世上的任何一样成功或荣誉，都依赖周围的其他因素，绝非你一个人的功劳。失败了不要一蹶不振，只要奋斗了、拼搏了，就可以无愧地对自己说："天空不留下我的痕迹，但我已飞过。"这样就会赢得一个广阔的心灵空间，得而不喜，失而不忧，把握自我，超越自己。

当下，就是生命最好的礼物

1

人生的问题很多，但如果给以高度概括，那便不外"生死"二字了。通常人们关心生活，然而，生活只是生的一部分。

哲学、宗教历来重视探讨生的来源及死的归宿。

作为生命的科学，人生的智慧，对于友情生死问题，不但有深刻的研究，还有解决的方法。

死对人来说，是无法回避的，生的末端便是死。谁不想长命百岁？但人活百岁终要死，世上没有长生不老药。当然，对死亡怀有恐惧并不奇怪，人一死，便会失去生活给他的各种美好事物。但一个人，如果你经历过人世沧桑，活着时尽职尽责地工作，没有虚度时光，那么应该死而无憾了。死亡是人生的终结，如同旅途的一个驿站。正像英国作家雨果临终前说的那样："生命的旅行，总有结束的时候，我该休息了。"

英国著名哲学家、散文家罗素对生死的理解很形象：每个人的人生都应该像河水一样，开始是细小的，流在狭窄的两岸之间，然后，热烈地冲过巨石，滑下瀑布。渐渐地，河道变宽了，河岸扩展了，河水流得更平稳了。最后，河水流入海洋，不再有明显的间断和停顿，而后毫无痛苦地摆脱了自身的存在。

能这样理解自己一生的人，将不会因害怕死亡而痛苦，因为他们所珍爱的一切都将存在下去。

如果我们都能像罗素那样，把人生比作河水，不知不觉地融入大海，毫无痛苦地失去自身的存在，那就不会感到死的恐惧了。当死亡来临之际，坦然面对死亡，把它当作生命过程里的一个环节。像雨果那样，临终轻松地说："我该休息了！"

2

圣严法师说："人活着不过是在一呼一吸之间，呼吸在，所以你一切都在。"

日本知名作家村上春树也说："死亡不是生命的反义词，它是生命的一部分。"

禅宗还有句名言："大死一番，再活现成。"

倘若不以身体作为死亡的依据，人的一生当中，总是要面临无数次死亡与重生的体验——大多数的人，终其一生，费尽心思追寻的是："得不到的财富、不确定的爱情、过眼云烟的名利，却很少人能够停下来想一想，要如何正视终须面对的死亡。”生死其实是同一件事的两面，生时不能无忧，临死必将慌乱。

人生是一连串的未知、不确定，唯一可以确定的就是“死亡”，但却也是人们最难以接受的事实。悲恸、号啕与怨天尤人都于事无补，唯有坦然接受，好好准备。

然而，我们准备好了吗？

人的一生之中，有许多不如意的事，死亡无疑是不如意中最不如意的一桩。死亡和我们生命中所经历的失败或者失去是一样的，都令人感到无比沮丧，尤其是面对自己或亲友终将死亡的事实时，更是难以接受。

死亡，大多数人都是忌讳的，但是，谁又能决定死亡？

面对“有生必有死”的必然现象，犹如天下没有不散的筵席；就像我们现在对谈，结束后就要分开的。见面是缘，分开也是缘。分开以后会不会见面？以后是以什么样子的角色见面呢？在什么样的场合呢？这一切都是未知的事物，珍惜当下的情缘才是真。

3

在《杂阿含经》卷第三十三中，佛陀以四种良马譬喻众生的根器。认为第一等利根的人听闻老、病、苦、死，心中便会生出警惕，依正法思维而调伏身心，犹如上等的良马见鞭影即知行进的方向。第二等次根器的人,则是在见到邻里有人受老、病、苦、死时,便心生警惕而发心修行,这样的人犹如次等良马,虽然不能在睹见鞭影时,即知前进,但只经鞭杖轻触毛尾后,便知如何行走。第三等善根的人,则是要见到自己亲近的人深受老、病、苦、死时,方才惊觉而发心修行,就如第三等良马,要等鞭杖轻抽,肌体微疼后,才知策进。第四种人,则要自己身遭老、病、苦、死的折磨之后,才能认真面对生命的苦恼,犹如拉车的马,虽经鞭子抽打,但仍不知策进,非得以铁锥刺身,彻肤伤骨之后才惊觉,进而"牵车着路,随御者心,迟速左右"。至于顽劣难以教化的劣马,则是伸颈狂嘶,作势噬人;前脚跪地,后脚踢人;不愿就轭,即或受轭,稍受鞭杖,便断缰折勒,纵横驰走。

前生已逝,未来未到,这都不是我们可以掌握的;唯有每一个现在,是我们可以把握得住的。因此,我们不必因为终将死亡而变得消极虚无, 也不必因为今生的不美满而寄望来世。把握"当下"的生活态度,其实就已决定我们的幸福与悲哀了。

在每一刻的现在, 学习努力, 并在每一刻的当下练习"为而不有",那么,每一刻都将是圆满的结束,也就是崭新的开始。

孔子的学生季路问孔子:"敢问死?"

子曰:"未知生,焉知死。"

也许，在了解死亡的意义之前，要先知道怎么活？

在现实的世界里，不必以生死命题来钻牛角尖，也毋须在虚幻中迷失自己。因为，人生是永远的舍弃和永远的追求。我们无法预知死亡，唯一所能做的就是活在现在、活在当下。

虽然人生中有许多不确定的事，但有一件事是绝对确定的，那就是我们每一个人到最后，终究不免一死。把时间拉长，生死、死生是无尽的轮回。如同昨天、今天、明天的无尽延续；前生、今世、来生也是无始无终的联结，而贯穿无尽时间的是当下。这一刻是生，但对下一刻的生而言，前一刻的生已然是死。

“生如夏花之绚烂，死如秋叶之静美。”这是生的境界，也是死的境界。只有真正尊重生命，懂得、参透生命的人，才能正确的把握——当下，就是生命最好的礼物。

一路上，真的没人给过你任何东西吗

1

传说，有个寺院的住持，给寺院里立下了一个特别的规矩："每到年底，寺里的和尚都要面对住持说两个字。"

第一年年底，住持问小和尚心里最想说什么，小和尚说："床硬。"

第二年年底，住持又问小和尚心里最想说什么，小和尚说："食劣。"

第三年年底，小和尚没等住持提问，就说："告辞。"住持望着小和尚的背影，自言自语地说道："心中有魔，难成正果，可惜！可惜！"

住持说的"魔"，就是小和尚心里没完没了的抱怨。这个小和尚只考虑自己要什么，却从来没有想过别人给过他什么。像小和尚这样的人在现实生活中很多，他们这也看不惯，那也不如意，怨气冲天、牢骚满腹，总觉得别人欠他的，社会欠他的，从来感觉不到别人和社会对他的生活所做的一切。这种人心里只会产生抱怨，不会想到感恩。

两个行走在沙漠中的旅人，已行走多日，在他们口渴难忍的时候，碰见一个牵着骆驼的老人，老人给了他们每人半瓷碗水。

两个人面对同样的半碗水，一个人抱怨水太少，不足以消解他身体的饥渴，抱怨之下竟将半碗水泼洒掉了；另一个人也知道这半碗水不能完全解除身体的饥渴，但他却拥有一种发自心底的感恩，并且怀着这份感恩的心情，喝下了这半碗水。结果，前者因为拒绝这半碗水死在沙漠之中，后者因为喝了这半碗水，终于走出了沙漠。

这个故事告诉人们，对生活怀有一颗感恩之心的人，即使遇上再大的灾难，也能熬过去。感恩者遇上祸，祸也能变成福，而那些常常抱怨生活的人，即使遇上了福，福也会变成祸。

2

南部偏远山区有一个真实的故事。

故事的主人公是贫困山区的一个女孩，她有幸考上重点大学，不幸的是父亲在她进校不久，遇上了车祸身亡，家中无力供她上学，在她准备退学回家时，社会送来了关怀，老师和同学也慷慨捐款、捐物。她对大家的赠物，舍不得使用，藏在箱子里。每天打开箱子看看这些赠物，就想到自己周围有那么多的关怀、爱心,心中就不由产生出一种感激之情。

这种感激之情又驱使她去战胜困难,顽强拼搏。这个在物质上贫困的女孩,却变成一个精神的富有者。她心怀感恩,终于读完了大学,还以优异的成绩留学美国。她说:“大家给我的一切,是我的精神财富,永远留在我的心里。我要努力学好本领,回报祖国,回报帮助我的每一个人。”

人应该不忘感恩之情,就像这位女孩,生命会时时得到滋润,并时时闪烁纯净的光芒。

3

世界上最大的悲剧和不幸就是一个人大言不惭地说:“没人给过我任何东西。”

我们每个人都应该明白, 生命的整体是相互依存的,每一样东西都依赖其他一样东西。比如,父母的养育,师长的教诲,配偶的关爱,他人的服务,大自然的慷慨赐予等,这些都是生命的恩惠。

一个人真正明白了感恩这个道理,就会感恩父母的养育,感恩社会的安定;感恩食之香甜,感恩衣之温暖;感恩花草鱼虫,感恩大自然的福佑;感恩苦难逆境……因为真正促使自己成功,使自己变得机智勇敢、豁达大度的,不是优裕和顺境,而是那些常常可以置自己于死地的打击、挫折和对立面。

挪威著名的剧作家易卜生把自己对立面瑞典剧作家斯特林堡的画像放在桌子上，一边写作，一边看着画像，从而激励自己。易卜生说："他是我的死对头，但我不去伤害他，把他放在桌子上，让他看着我写作。"据说，易卜生在对立面目光的关注下，完成了《社会支柱》《玩偶之家》等世界戏剧文化中的经典之作。

人不忘感恩之心，人与人、人与自然、人与社会也会变得更加和谐，更加亲切。我们自身也会因为这种感恩心理的存在而变得愉快和健康起来。说它是滋润生命的营养素，一点也不过分。

停一下！工作不是生活，更不是生命的全部

1

在英国某小镇，有一个沿街说唱为生的年轻人。

同在这个小镇上，有一位华人妇女，她背井离乡，不远万里来到这里打工。因为他们总是在同一个小餐馆用餐，屡屡相遇便成了朋友。

这位华人妇女觉得这个小伙子人还不错，就关切地对他说："不要再沿街卖唱了，这总不是一个长久之计，去从事一个正当的职业吧。我可以介绍你到中国去教书，在那儿，你可以拿到比你现在高得多的薪水。"

小伙子听后，愣了一下，反问道："难道说我现在从事的职业不正当吗？我很喜欢现在的工作，它能给我也能给其他人带来欢乐。我为什么要远渡重洋，告别亲人，抛弃家园，去做我并不喜欢的工作呢？"

邻桌的英国人听到华人妇女的建议也为之愕然，他们不明白，仅仅为了多挣几张钞票就抛弃家人，远离自己幸福的生活，这样的日子有什么意思。

原来，在他们的眼中，家人团聚、平平安安，才是最大的幸福，至于财富多少、地位的贵贱都与此无关。

于是，小镇上的人开始同情那位女同胞了。

2

很久以前，一位猎人去拜访一位很有成就的科学家，没想到这位高成就的科学家正在和家人在院子里享受阳光，和女儿愉快的玩耍，一家人其乐融融。

猎人很奇怪，他不明白为什么这样一位严谨治学的人，会浪费时间在这种游戏上？在猎人的想象中，科学家的时间应该很大部分都是在实验室中的。于是，猎人就问科学家：

“你不觉得你的时间都被浪费掉了吗？”

科学家反问猎人说：“你为什么不把你背上的弓扣上弦？”

猎人回答说：“如果一直扣紧，弓弦就会失去弹力。”

于是科学家回答道：“我陪家人一起玩耍，理由也是一样的。”

现代社会是一个忙碌的社会，为了事业与家庭，大家不停地奔波劳累，就像一台永不停息的机器。事业有成的人更不必说，个人休息放松的时间少之又少，像永不松懈的发条，为了自己的梦想或利益而不停地奔跑……当我们正在为生活疲于奔命的时候，生活已经离我们而去。

工作不是我们生活的全部，我们的生命在奔忙中耗散，而我们的精神也在残酷的竞争中、快节奏的生活中趋于紧张，以致麻木或崩溃。其实，这样无益于更好的工作，所以不要忙于那些没有意义的事情，事情是很多的，但是没有头绪地忙碌是不可以的，我们应当学会适时地停下来。

我们应该静下心想一想，自己在做什么？做这些的目的是什么？不停的奔跑又给自己带来了什么呢？我们最初都是为了更美好的生活而工作，然而最后，却是我们为了工作而疲于奔命，早忘记了我们是为了生活美好而工作的，工作渐渐地变为了抑制我们自由的东西。

3

方元大学毕业工作不到半年,却辞去了某大型报社记者的工作,在国内一边打零工一边旅行。这样的生活持续了10个月。

“在辞职之时,我并不清楚这段生活到底要持续多久、我期望从中得到什么、旅行结束之后又要干吗。”方元说,“但旅行彻底调整了我的心态与情绪,在旅行接近尾声时,我曾和驴友结伴去甘南朗木寺沿河流徒步。那天,我正走在弯弯绕绕的上坡路,脑袋里突然闪出了一个念头:‘还是去做记者吧,既然你在大学里选择了学新闻、做新闻,那么还是尝试下在社会里做新闻好了。再说当记者也不错,不用坐班,比较自由。’”

随后,方元在工作的这两年里,也遇到过不少困难与麻烦,这样的时刻她也曾想过放弃,再次开始在路上的生活,但却总难以达到放弃的那根线:“唔,这一切没有那么严重,你可以坚持的。”

古人说“人不登高山,不知天之高也;不临深溪,不知地之厚也。”“读万卷书”固然需要,但“行万里路”更不可少。自古以来,人们都非常推崇“行万里路”,许多名人志士都是在饱览名山大川、眼界开阔之后取得了非凡的成就。

正如那句著名的广告语:“人生就像一场旅行,不必在乎目的地，在乎的是沿途的风景和看风景的心情。”川端在伊豆邂逅的美丽；三毛在撒哈拉找到的幸福；苏童在江南水乡触到的灵感；安妮在墨脱受到的震撼；苏东坡在石钟山的顿悟，旅行收获到的岂止是简单风景。

一块石头，一缕空气，一片白云，一寸土地，其实，每个地方，都有它独特的魅力。而旅行的意义也并非仅仅为了某处风景，为旅行而旅行，旅行可以让我们增长知识的同时，得到心情的释放与心灵的憩息。当放下烦闷的工作与琐碎的家事，当踏上迈向旅途的脚步，轻松与愉悦就会缠绕着双腿，赐予一股力量，继续向前。

工作不是生活的全部，更不是生命的全部，通过工作来追求生命价值是永无止境的，而人类的时间、健康与精力却是有限的。我们跟家人、友人在一起的时间也是有价值和有意义的。

工作是为了生活，或者说，工作是为了更好地生活，没有生活的工作，失去意义。在高效率、快节奏的拼命工作之余，我们应该停下来，歇一歇，学着享受生活。就拿吃饭一事来说，在外面工作将就的快餐，远远不如与家人坐下来吃上一顿家常菜来得舒服。快餐也许能填饱肚子，却不能保证我们的饮食健康，不能满足我们的饮食文化和饮食情感。

努力工作，更要努力享受生活，只有对生活充满热爱，对工作富有激情，才算得上是美好的人生。所以，我们应放下一些无谓的忙碌，不要让工作时间挤占自己的私人生活，该工作时就工作，该休息时就休息，这样才是一个健全的人生。

再复杂的事，睡一觉就过去了

1

早上10点多，我有急事找朋友Cindy。微信、QQ均收不到回复，电话也没人接。

我无奈只好先忙别的事情去，心里嘀咕："这家伙以前就算是开会，至少也会回我一句信息的，这次是怎么了，大早上的，莫非手机没带？不对呀……"我隐约脑补了一系列画面。

下午3点，Cindy的回复来了："不好意思，昨天加班，早上请假在家里睡觉，手机静音了。"

我气急败坏骂道："请假睡觉不奇怪，可是这都几点了？"

Cindy说："下午3点，我是早上5点加班完毕，6点去吃早餐，7点之前开始睡觉，闹钟开到下午3点，刚好能睡8小时左右，8小时对一个女人来说，太重要了。"

我不屑："你也够矫情的，大姐！像我们这样的三餐不定点，深夜失眠开脑洞，才是家常便饭。"

Cindy说："睡得晚是没办法，但是至少要保证高质量睡眠的修复啊，比情商、智商更重要的是一个人的'睡商'。"

睡得不好，是我们这个文字圈里的常态，也是大龄单身文艺女青年的一种病——缺少睡商。自然，未必是要和Cindy一样非要睡够8小时。但良好的睡眠对于我们来说，确实是一件奢侈的事情。

年轻的时候，谁都有过彻夜不眠的激情和饱满，似乎睡眠对我们来说微不足道，又似乎一个文艺女青年要是在夜里10点就睡觉了，会被大家嘲笑——因为创作的灵感，大多都是来自午夜。

2

秋是我以前杂志圈的一个作者，湖南妹子，2000年初，那会还有论坛，秋在一个论坛做斑竹，她的签名档是"深夜蔷薇，凌晨起舞"，每天深夜两三点，还能看到她挂在线上，我之所以清楚，是因为我也没睡。

那时候深夜不睡的人太多了，借着QQ、论坛，我们指点江山激扬文字，一个个跟帖、回帖。谈论着只属于青春的梦想。即使是到了凌晨4点，还会出现这样的对话——

"我写了3000字，谁给我看看？"

"我饿了，家里面只有狗粮。"

"我要去打扫卫生了。"

秋就是在那时候养成了日夜颠倒的习惯，她说，我要到中午才能睡着。那时候的我们，谁也不会觉得奇怪。

后来，论坛解散，杂志因为网络的冲击纷纷关闭，我和大部分人断绝了联系，似乎就这样相忘于江湖。

大概在刚刚兴起微信的那一年，收到一条验证消息，是秋，邀请我入一个群，我以为还是曾经的文学青年或伪文学青年群之类的，进去一看，群的名字居然叫“12点前睡觉”。再一看，有几个人似曾相识，依旧是当年论坛上半夜不睡觉的家伙们，无非是一些人的头像已经变成了他们抱孩子的，或者是遛狗的。

我说：“这是什么群？”

秋说：“这个群是用来提醒我们这些‘前文艺青年’，12点前互相督促着睡觉的。”

细问之下，我才知道，当年那段日夜颠倒的生活，受到不良影响的不只我一个人，秋在杂志解散后去一家银行做企划，每天早上7点起床让她觉得生活没有一点乐趣，严重怀疑人生了。

“关键是，睡不着啊！”当年论坛上的一个和我“夜夜对掐”的作者说，“年纪大了，才知道那段日子里，极大的损伤了自己的睡商，白天去公干，晚上回到酒店后，已经筋疲力尽，但就是睡不着，一躺床上就像打了鸡血一样的精神百倍，第二天一早又不得不打起精神去见客户……”

秋说：“最郁闷的是我了，生孩子那会儿被查出来一系列的这病那痛，结果无奈工作也辞了。辞了工作，以前的日夜颠倒的生物钟，赶也赶不走！我这不是抱着试试看的心情，建了个群，想找当年的哥们姐们聊一下，结果，大家都感同身受啊。于是，我们决定互相督促，12点前，一定去睡觉！”

是啊，好好睡觉才是正经事。

睡眠好并不一定能让一个人多赚钱，但睡眠不好，却有可能让人因为判断出错而少赚钱。如果说情商高的人容易成功，那么，睡商高的人则容易感到满足和幸福。

年轻的时候，谁不曾挥霍过自己的睡商？

睡商，是一个创造出来的词语，就像所谓的智商、情商、性商、健商……它是一个有内涵的概念，它记录了你对睡眠知识的了解程度，自我心理认识的过程，以及与他人、环境、社会的关系和适应程度。睡商高的人，他们的统一标签是："身体健康、精神焕发、皮肤光亮、思维敏捷。"

3

李开复曾发布了这样一条微博："世事无常，生命有限。原来，在癌症面前，人人平等。"随后，便前往台湾治疗。

事隔多年，人们对当时的回忆，像是被罩上了一层毛玻璃，在漫反射中，悲恸隐去，出现模糊的画面。但每每不经意提起，记忆的毛玻璃又被贴上透明胶带，那些画面又完整清晰地呈现在面前。

在“谷歌中国”的时候，李开复就喜欢和年轻的创业者比赛熬夜——不是简单的熬到几点，而是比赛谁能在夜里最快回复邮件。夜里，他喜欢将笔记本放在床头，设置好邮件提醒，每当有声音提示，他就从床上弹起来处理工作，而这是对人体正常睡眠的严重干扰。

前半生用命挣钱，后半生拿钱买命——当你身边一个个顶着各种各样职业病，还奋不顾身的拼命赚钱的人越来越多时，不知道他们是否能认识到，如果没有了健康，赚再多的钱也是买不来幸福的？

叔本华说：“在一切幸福中，人的健康其实胜过其他幸福，一个健康的乞丐要比疾病缠身的国王幸福得多。”

人生在世，有三分之一时间是处于睡眠状态，可以说睡眠就像一个建筑的主体，也是生命的基石，一切的繁华美好都紧附其上，依其而生。

假设你在工作上犯了很大的错误，被其他人骂得体无完肤；或者是和交往多年的TA分手，内心受到很大的打击，这时候你会怎么做呢？

很多人会选择喝酒、K歌、哭泣……但其实要治疗内心创伤，最简单的方法就是“睡觉”。如果一个人在任何变故下都能睡得好、睡得踏实。那么，这个人的情商一定很高。

只要经过熟睡,就可以客观面对昨天发生的事,睡眠能让人脱离视野狭隘的状态。

只要一个晚上,就能够改变痛苦。

受到莫大的打击,胡思乱想只会让心情更消沉。这时候不如早点上床睡觉,隔天我们就能恢复冷静,会认为:“其实,这也不是什么大问题.。”

睡眠,是对付压力的特效药。

4

工作重要吗？相信说不重要的人要么超凡脱俗,工作对他们来说没有任何的概念;要么功成名就,是在享受生活。而绝大多数人仍然只能靠工作来维持个人和家庭的生活,没有了工作就意味着没有了生活的来源。

但,工作的重要性还在于,它不仅是维持生存的手段,也是健康和能力的表现。工作是否认真积极,有个人的思想成分,也与个人的健康状态密切相关。

传说英国撒切尔夫人每天就只睡4个小时,但她的精力却充沛得惊人,天天日理万机至深夜,长年如一日,一直活到了87岁。

于是,年轻的时候,但凡是有父母长辈劝我:“不要熬夜,早点睡觉。”我就拿出这个他们那代的“偶像”来给自己反击。

现在我才明白,我不是撒切尔,我们都不是只睡4个小时还能取得成功的极少数精英,对于像我这样的普通人来说,快40岁了,连一套房子都买不起,但我能睡好,有好的心情,我就能拥有一个幸福快乐的人生。

我只愿在时间中慢慢成为一个简单的人。

当然,拥有良好的睡眠,也需要技巧,比如,运动、饮食,或者是秋的“晚上12点前睡觉”群里的心理调节。

每个人都需要掌握一些可通过训练得到的基本的技巧,认真做好每一天分内的事情。不索取无关的远景。不纠缠于多余情绪和评断。不妄想,不在其中自我沉醉。不伤害,不与自己和他人为敌。不表演,也不相信他人的表演。活在当下,这是唯一的意义。

遇见复杂的事情,知道睡一觉就过去了。

第二天,忘记昨夜事,继续往前走。

艰难的时段,无一例外,都会成为过去。

谁都甭想从卧室一步爬到天堂

1

虚尘禅师以佛法度众，为人谦厚，深得民众拥戴，他每次开坛讲法，都听者众多。

有一天，一位商人向虚尘禅师发火："我听了你的弘法后，诚信经营、薄利多销，顾客在逐渐增多，但为什么我的收入还是不能增加呢？"

禅师微笑着对这位商人说："有一棵苹果树，它接受了阳光、雨露、养料，春天花开，夏天结果，秋天成熟。成熟的时候，并非所有的苹果都会同时成熟。有些苹果早已熟透了，而有的苹果依旧青青待熟，并非它不会成熟，只是时间还没有到而已。"

商人醒悟过来，他明白，要想有大成就，就要慢慢积累。向禅师道歉后，他离开了寺院。

一年后，虚尘禅师收到这位商人的一封信和一个红包。他在信中说自己的生意红红火火，以致没有时间亲自到寺院致谢，只好托人送礼以表谢意。

太想赢的人，最后往往很难赢；太想成功的人，往往很难成功;太想到达目标的人,往往不容易到达目标……过于注意就是盲目追求,欲速则往往不达,所以,凡事不可急于求成。

相反,如果你以淡定的心态对之、处之、行之,以坚持恒久的姿态努力攀登、努力进取,成功的概率却会大大增加。

2

在山中的庙里,有一个小和尚被派去买菜油。出发之前,庙里的厨师交给他一个大碗,并严厉地警告他:“你一定要小心,最近我们财务状况不是很理想,你绝对不可以把油洒出来。”

小和尚下山买完油,在回寺庙的路上,他想到了厨师凶恶的表情及郑重的告诫,越想越紧张,于是他更加小心翼翼地端着装满油的大碗,一步一步地走在山路上,丝毫不敢左顾右盼。然而,天不遂人愿,因为他没有向前看路,结果快到庙门口的时候,踩到了一个洞。虽然没有摔跤,碗里的油却洒掉了三分之一。小和尚懊恼至极,紧张得双手开始发抖,以至于无法把碗端稳。等到回到庙里时,碗中的油就只剩下了一半。

厨师非常生气,指着小和尚骂道:“你这个笨蛋!我不是说要小心吗,为什么还是浪费了这么多油?真是气死我了!”小和尚听了很难过,开始掉眼泪。这时,一位老和尚走过来对小和尚说:“我再派你去买一次油。这次我要你在回来的途中,多看看沿途的风景,回来后把你看到的美景描述给我听。”小和尚很是不安，因为自己非常小心油都没有端稳，要是边看风景边走，更不可能完成任务了。不过，在老和尚的坚持下，他勉强上路了。

这次，在回来的途中，小和尚听从老和尚的意见，观察起沿途的风景，这时，他惊奇地发现山路上的风景如此美丽：远处是雄伟的山峰，山腰上有农夫在梯田上耕种，一群小孩子在路边快乐地玩，鸟儿轻唱，轻风拂面……

在美景的陪伴中，小和尚不知不觉就回到庙里了。当小和尚把油交给厨师时，他发现碗里的油还装得满满的，一点都没有损失。

3

急于求成的结果，只能适得其反，结果只能功亏一篑。《揠苗助长》的故事中，农夫急功近利，反而适得其反，使他的苗全部死了，落得一个揠苗助长的笑话。许多事业都必须有一个痛苦挣扎、奋斗的过程，正是这个过程将你锻炼得无比坚强并成熟起来。朱熹说：“宁详毋略，宁近毋远，宁下毋高，宁拙毋巧。”对“欲速则不达”做了最好的诠释。

渴望成功的心态谁都能理解，但是你要明白，成就一番事业并不容易，不要一开始就盯着成功不放，做事若急于求成，就会像饥饿的人乍看到食物，狼吞虎咽地吞食，反而会引起消化不良。

Chapter 7

要么有种改变世界，要么乖乖改变自己

你今天刚买的手机，明天就过时了；你今天刚淘的衣服，明天就不时髦了；你今天刚发的工资，明天就不够花了；你今天刚想明白的道理，明天就不适用了。这个世界时刻进行着残忍的大淘沙，那些故步自封、不改变的人必将受到惩罚。如果你不能改变，就只能被无情的淘汰。

有什么样的眼光，就有什么样的人生

1

吃葡萄时悲观者从大颗的开始吃，心里充满了失望，因为他所吃的每一颗葡萄都比上一颗小；而乐观者则从小颗的开始吃，心里充满了快乐，因为他所吃的每一颗葡萄都比上一颗大。悲观者决定学着乐观者的吃法吃葡萄，但还是快乐不起来，因为在他看来他吃到的都是最小的一粒。乐观者也想换种吃法，他从大粒的开始吃，依旧感觉良好，在他看来他吃到的都是最大的。

悲观者的眼光与乐观者的眼光截然不同，悲观者看到的都令他失望，而乐观者看到的都令他快乐。如果你也是悲观者中的一个的话，可以试一试，不是换种吃法，而是换种眼光。

想要站得高，就要超越自己的眼光。要超越自己的眼光，必须先超越自己。不妨想象一下自己还没有达到的目标已经达到，那时你会拥有怎样的眼光。

2

一位已经年近古稀的农夫说:“我的力气和年轻时一样大!”别人都惊疑地看着他,他进一步解释:“想想那块大石头,我年轻的时候抬不动,现在还是抬不动。”

不要以为你的眼光没有达到某个目标,就以为它一直没有改变,其实你的眼光一直在变,只是你没有察觉到而已。

也许是你给自己眼光定下的参照物也在变化,所以你才忽略了变化,不要因此而产生悲观的情绪,这反而会损害“视力”。

一位病人找到眼科大夫:“医生,我不能念报纸。”医生给他检查以后安慰他:“没关系,你的眼睛近视,配一副眼镜就可以解决问题了。”

病人惊喜地问:“真的吗?我配眼镜以后就可以看报纸了?”医生笑着肯定。病人戴上配的眼镜拿起一张报纸来。

“医生,我还是不能念。”医生奇怪地又仔细检查了病人的眼睛:“不可能呀?你真的只是近视而已。”病人回答:“可是我不识字。”

所以,有时是你自己没有区分“看不懂”与“看不见”之间的区别。

你的目光放在哪里,你的注意力也会集中在哪里,所以,慎重选择你注视的方向。

3

朱迪丝·维奥斯特在力作《必要的丧失》中指出:“丧失是不可避免的。”我们从脱离母体直到死亡,在整个成长的过程中,丧失始终伴随着我们。它是“一种终生的人类状况”。理解人生的核心就是理解我们该如何对待丧失。“丧失是我们为生活付出的代价”,但是,假如我们学会了放弃完美的友谊、婚姻、孩子和家庭生活的理想、幻想,放弃对绝对庇护和绝对安全的幻想,那么,我们将在这种放弃中重生。丧失是成长的开始,追求完美或恐惧丧失,则是幼稚的,我们人生的路途由失去铺筑而成。

生活中常常有这样的现象:有些才能出众的人,正是由于受不了世俗冷落的偏见,从此之后甘愿“随波逐流”,也不肯再“出头”“冒尖”了;也有一些较为愚钝的朋友,由于受到某些人的鄙视,就产生“破罐子破摔”的念头;又或者是一对曾经形影不离的好朋友,由于一些矛盾或误会,突然某一日反目成仇,从此形同陌路;等等。

生活是多色彩、多层面的,不必事事都有个所以然,如果你只会发现冷落,而不勇于去开拓和追逐热情,那么,在你的眼里就会只有苦涩、忧伤和痛苦。

你的时间、精力都是有限的资源,不能够供你任意挥霍,所以,你最好只关注那些对你有重大意义的人或事,为一些并不重要的东西分散精力,是件得不偿失的事。当然,在学会关注之前,你要先学会如何区分重要与不重要。

事业并不一定只是拥有雄厚实力,手下员工成百上千、呼风唤雨。对一位主妇来说,经营的家庭,何尝不是一种事业?

一个人在社会中,在事业上要取得成就、有一定的贡献,那你就不能有"明知不可为而为之"的顽固想法。既然不可为、无法做,或者做不到,那就早点觉悟,立即止步,这样才不至于浪费你的时间、精力、感情,避免出现到了最后两手空空的结局。

命运对每个人来说,都是一个需要用一生时间去解答的问题,眼光决定人生,这一点也不过分。拥有什么样的眼光,就拥有什么样的人生。

你眼光独创,必然会获得成功;

你眼界狭窄,必然会把自己的一生带进死胡同;

你眼光散漫,人生也充满了散漫与空虚;

反之,你想拥有什么样的人生,也就需要什么样的眼光,幸好,眼光是可以凭自己努力改变的。

当你遇到问题不能解决时,不妨从另外的一个角度去审视它,也许你会有新的收获和感悟。

逞匹夫之勇不难，具忍耐之智不易

1

中国有句古话："好汉不吃眼前亏。"因为好汉是豪情万丈、果断勇敢、临危不惧的代名词，无论遇到多大的难题，好汉都不会低头屈就，认败服输。好汉当然是要果断勇敢、敢作敢为，但却不是匹夫之勇，逞一时之豪气，不计后果。

汉朝的开国名将韩信是"好汉能屈能伸"的代表，如果他当时不受胯下之辱的话，面对那些恶少们的有意刁难，即使不死，也会丢掉半条命，哪还有日后的叱咤风云！

另一个重要的"吃得眼前亏"的好汉，就是"过五关，斩六将"的关羽了。《三国志》里的《关羽传》说："建安五年(200)，曹公东征，先主(刘备)奔袁绍。曹公禽(关)羽以归，拜为偏将军，礼之甚厚。"但是，此时的关羽虽然感念曹操的知遇之恩，却难忘刘备的手足之情。之所以投降，实在是不得已而为之。

有人说，关羽投降曹操是他一生最大的污点，实则不然，倘若贪恋曹营的富贵荣华，将兄弟间的情义弃之而不顾，那就不会有"过五关，斩六将"的故事传延下来了。关羽一生重情守义，岂能为一己之私而换来千古唾弃。因此，在

《三国演义》中,罗贯中不惜笔墨,渲染了这位英雄不惜牺牲自己的名誉,保护两位嫂子的事迹。能屈能伸,方显英雄本色。

2

康熙大帝是一代明君,运筹帷幄、力挽狂澜,然而,在其实力微弱之时,曾在万不得已的情况下,选择“吃哑巴亏”。

有人问道:“君王也有屈服的时候吗?”

康熙回答说:“君王因道义而伸扬自己的意志,也因道义而屈从自己的意志。”

清圣祖玄烨公元1662年登基时,年仅8岁。最初,太皇太后考问康熙,当皇帝后想干什么?康熙回答说:“没有别的愿望,只愿天下大治,百姓乐业,共享太平之福而已。”

由于康熙登基年龄尚幼, 暂由顾命大臣鳌拜主持国政。在大清王朝的历史上,鳌拜是一个令人难忘的名字。他从功臣到权臣,最后权倾朝野、不可一世。自命不凡的鳌拜根本不把玄烨这个小皇帝放在眼里,王祚、巡抚王登联、户部尚书苏纳海都成了鳌拜的刀下鬼。因此,鳌拜引起了朝中众大臣的愤慨,但慑于他的权威,大家都是敢怒而不敢言。

鳌拜不满足于一人之下、万人之上的地位,此时的他已经不是那个忠诚的功臣,而是野心勃勃的罪臣。他有一个路人皆知的秘密,那就是君临天下。为了达到篡位的目的,鳌拜私设一计,假装身体有恙不能上朝,要玄烨亲自去看望他。玄烨果然前往其府第探疾,进入鳌拜的卧室后,御前侍卫发觉鳌拜神色有异,急忙冲到鳌拜的榻前,揭开席子,里面有明晃晃的利刀一把。

玄烨是何等聪明智变之人，只见他不动声色地笑了笑说:“刀不离身,是满族的习惯,这不值得大惊小怪。”说毕,马上返驾回宫,连老谋深算的鳌拜都被玄烨的沉稳震慑住了。

没有此时的“忍辱”,也就没有彼时的“锄奸”。身负重大使命,受多大屈辱也能忍受,此谓忍辱负重。忍辱负重,忍辱是手段,是表象,为达目的,完成使命是目的,是动机。忍辱负重是一切仁人志士、英雄豪杰的重要气节之一,但它却是一般人难以做到的。

3

君子见辱而不怒,对此,苏轼在《留侯论》中做了十分精彩的论述:“古之所谓豪杰之士者,必有过人之节,人情有所不容者。匹夫见辱,拔剑而起,挺身而斗,此不足为勇也。天下有大勇者,卒然临之而不惊,无故加之而不怒。此其所挟持者甚大,而其志甚远也。”苏轼在这里将“豪杰”与“匹夫”在“见辱”之时,两种不同的态度和表现做了鲜明的对比,指出真正的大勇是见辱能忍、不惊、不怒。而“见辱”后便愤怒、便争斗的匹夫,并非真正的勇者。二者的反差是很大的。能忍辱负重者为真豪杰,不能忍辱负重者非豪杰之辈,苏轼的话实在是精辟而透彻。

每个人的每一天都面临着"吃亏",有名分上的,有利益上的,但是能吃眼前亏的"好汉"却不多了。大多数人认为现代社会,情况瞬息万变,没有竞争能力,没有"好勇斗狠"的强势,必然为情势左右,成为别人的垫脚石。

面临屈辱,尤其要"沉得住气",要善于用理智战胜感情,善于驾驭自己的性格和控制自己的情绪;只有自己稳住"方寸",才能找到理智地解决问题的方法,才能够少暴露自己的弱点,同时发现对手的破绽。

做一个不吃眼前亏的好汉其实很容易,只要在大事当前,血脉喷张,声色俱厉,面对一个强于自己几倍的对手,毫无惧色、仗剑行侠。但是做一个吃眼前亏的好汉则有些困难,你需要压制怒气、强颜欢笑、逆来顺受。前一种好汉人们夸的是他的勇,但是后一种好汉人们夸的则是他的智。逞匹夫之勇不难,具忍耐之智不易。

亲爱的,有一种说法叫"一根筋"

1

在人的一生中,会遇到许许多多的选择,无奈的是往往鱼和熊掌不可兼得。在把握命运的十字路口,审慎地运用你的智慧,做出最正确的判断,放弃无谓的固执,冷静地用开放的心胸去做正确的选择。

一对师徒走在路上,徒弟发现前方有一块大石头,他就皱着眉头停在石头前面。

师父问他:"为什么不走了?"

徒弟苦着脸说:"这块石头挡着我的路,我走不过去了,怎么办?"

师父说:"路这么宽,你怎么不会绕过去呢?"

徒弟回答道:"不,我不想绕,我就想要从这块石头上迈过去!"

师父说:"可能做到吗?"

徒弟说:"我知道很难,但是我就要迈过去,我就要打倒这块大石头,我要战胜它!"

经过艰难的尝试,徒弟一次又一次地失败了。

最后，徒弟很痛苦："连这块石头我都不能战胜，我怎么能完成我伟大的理想？"

师父说："你太固执了，对于做不到的事，不要盲目地坚持到底，你要知道有时坚持不如放弃。"

执着过了分，就转变为固执。时刻留意自己执着的意念，是否与成功的法则相抵触；追求成功，并非意味着你必须全盘放弃自己的执着，而来迁就成功法则。你只需在意念上做合理的修正，使之符合成功者的经验及建议，即可走上成功的轻松之道。

2

他是个农民，但他从小的理想是当作家。为此，他一如既往地努力着，10年来，坚持每天写作500字。每写完一篇，他都改了又改，精心地加工润色，然后再充满希望地寄往各地的报纸、杂志。遗憾的是，尽管他很用功，可他从来没有一篇文章得以发表，甚至连一封退稿信都没有收到过。

29岁那年，他总算收到了第一封退稿信。那是一位他多年来一直坚持投稿的刊物的编辑寄来的，信里写道："看得出你是一个很努力的青年，但我不得不遗憾地告诉你，你的知识面过于狭窄，生活经历也显得过于苍白。但我从你多年的来稿中发现，你的钢笔字越来越出色。"

就是这封退稿信,点醒了他的困惑。他意识到,自己不应该对某些事坚持到底。他毅然放弃写作,而练起了钢笔书法,果然长进很快。现在,他已是一位有名的硬笔书法家。

就这样,他让理想转了一个弯,继而柳暗花明,走向了成功。成功之后的他曾向记者感叹:“一个人要想成功,理想、勇气、毅力固然重要,但更重要的是,人生路上要懂得舍弃,更要懂得转弯! ”

3

如果你以相当的精力长期从事一种事业,但仍旧看不到一点进步、一点成功的希望,那就不必浪费时间了,不要再无谓地消耗自己的力量,而应该再去寻找另一片沃土。目标是一种方向,需要恰当地选择。假如你的一个目标发生了问题,应当马上更换一个目标,这样才能挖掘你自己。

放弃,并不是让你放弃既定的生活目标、放弃对事业的努力和追求,而是放弃那些已经力所不能及、不现实的生活目标。其实,任何获得都需要付出代价,付出就是一种放弃。人在生活中需要不断做出选择,选择也是一种放弃。

放弃不是退缩和隐藏,而是教你如何在衡量自己的处境后有的放矢,聪明睿智地做出正确的选择。

当人执拗于某一方面,如金钱、名誉、地位或某项工作时,往往会表现出只专注于此,而不考虑其他的情况。无论是生活的哪个方面,总战术是“鱼与熊掌兼得”,什么都想要的人其实经常顾此失彼,甚至什么也得不到。在现实社会中,诱惑实在太多了,在诱惑面前我们只有着眼于大局,把握自己不合理的欲望,适当放弃,对不应得的不存非分之想,才是明智的行为。

放弃,未必就是怯懦无能的表现,未必就是遇难畏惧、临阵脱逃的借口。有时候,放弃恰恰是心灵高度的跨越,是睿智思索的最佳选择。

一个人理智地放弃他无法实现的梦想,放弃盲目的追求,是人生目标的重新确立,也是自我调整、自我保护的最佳方案。学会放弃,给自己另辟一条新路,往往会柳暗花明。

伤口总会痊愈,
除非你自己往上撒把盐

1

美国作家哈伯德·斯·库辛在《你不必完美》的文章中,讲述过这样一件事。

因为在孩子面前犯了一个错误,他心里非常内疚。他害

怕自己在孩子心目中的美好形象被摧毁，害怕孩子们不再爱戴他、尊重他，因此一直不愿意主动认错。

心灵的煎熬，一天又一天地折磨着他。终于有一天，他忍不住了，主动找孩子们承认了错误。结果，他惊喜地发现，孩子们并没有因此而嫌弃他，反倒比以前更爱他了。他由此发出感叹："人类所能犯的最大的错误，就是害怕犯错误。"

人犯错是在所难免的，那个经常会有些过失的人往往是可爱的，没有人期待你是圣人。

生活中，纠结的何止哈伯德一人呢？

多少人都曾有过类似的感受：做一件事时，但凡出了一点很小的错误，哪怕是不如别人做得好，都会夸张地认为自己整件事情都做得不对，且不愿面对自己已经犯下的错误，害怕这个错误会毁坏自己的好形象。更有甚者，做事之前总是犹豫不决、拖延怠倦，前怕狼后怕虎，好不容易做完了，又生怕有什么疏漏和错误。他们希望事事都能够顺遂，没有任何意外。事实上，我们都知道，计划赶不上变化。

其实，错了就错了，是人就会犯错误，俗话说，知错能改，善莫大焉。有什么大不了的呢？就像哈伯德讲述的自己的那段经历一样，你承认错误没有人会嘲笑你，别人反而会觉得你诚实、诚恳，更何况每个人都会犯错，这也不是不可饶恕的罪过。相反，你越是想逃避，越是不敢去面对，越是怕损害自己的完美形象，往往才让人觉得你不可理喻、不明事理。

当然,若能弥补一个过错,还算幸运的。最折磨人的,莫过于那些已经酿成却没有机会再弥补的错误。这就像是在心里打了一个结,一辈子也难解开,或者根本就不想去解,自己煎熬,周围的人也跟着难受。

2

杨刚是某工地的一名技术能手,两年前,他刚分到项目部时,是由当时的技术能手和师傅带领的。师徒俩的性格截然相反,杨刚是一个开朗、机灵的性格,而和师傅温文尔雅,平日里不苟言笑,然而,这两人之间,却相处得非常融洽。

半年过去,杨刚看着昔日一同进来的同事都已得到重用,他自己却仍然在原地踏步,心里不免有些失落。虽然,师傅一再劝解,可是他却无法说服自己。

一天,杨刚借着酒劲,冲进了大雨当中,向路边跑去。就在此时,一辆满载沙石的拉土车从雨雾中飞驰而来,因雨太大,视线不好,眼看就要撞上杨刚了,尾随而来的师傅从后面使劲将杨刚推了一把,自己却来不及闪躲,被拉土车撞上,倒在血泊之中,看到眼前这一幕,杨刚惊呆了。

三天后,杨刚送走了师傅,然而,他却无法回到原来的状态。他认为是自己的冲动,结束了师傅的性命,他该拿什么去偿还这一切?杨刚每天都活在自责当中,每天除了拼命工作，他都会把自己关在屋里。一遍遍地回忆出事前的情景，如果无法睡觉，就起来一个人喝闷酒，一个原本精神抖擞的年轻人，渐渐变得憔悴。一次，因为走神，他差点在工地上出事。

得知这一切后，董事长亲自找到他，给他做思想工作。在大家的努力下，杨刚找到了人生目标，他要沿着师傅的脚印走下去，完成师傅的遗愿，最后，杨刚成为分公司不可缺少的技术能手。

3

一场不可逆转的悲剧已经降临，痛苦、挣扎又有什么意义呢？自责和内疚换不回一个失去的人，只能让郁闷成灾，惹更多无辜的人劳心牵挂。说到底，这不仅是在惩罚自己，也是在伤害别人。

谁都不是圣贤之躯，犯错在所难免，任何成长都会伴随着犯错。很多事情过去就过去了，错了就错了，心里认识到了就已是一种收获，实在不必终日带着内疚生活。

退一步说，就算没有那个错误的存在，你也难以保证一个人、一件事，以及整个人生都会完美无缺。在生命的这条长河里，不会总是风平浪静，谁也无法预知何时会激起浪花，避开了一处暗礁，还可能会遇到更大的阻拦，我们唯一能做的，就是向前看，而非频频回顾。

允许自己犯点错吧!犯了错,自嘲地对自己笑笑,潇洒地走出烦恼的世界。犯了错,别用近乎自虐的方式惩罚自己,为自己找个理由或借口,或许心里会好受一些。这不是逃避,而是让心能够容纳人生的瑕疵,将经历过的失败、犯过的错误,变成弥足珍贵的经历和经验。

错了就错了,别难为自己。谁的人生不是沟沟坎坎,谁的人生又是一帆风顺,给自己一个理由,原谅对方的同时,也别忘了原谅自己。生活还在继续,错误后,难过后,要懂得适时原谅自己,才有勇气去闯荡明天,用心拥抱世界,用长茧的双手摘下星辰。

与其改变全世界,不如先改变自己

1

很久以前,人类都是赤脚行走的。一位国王去偏远的乡间旅游,路上有很多碎石头,把他的脚硌得生疼,他大怒,回到皇宫后,就下令将国内所有的道路都铺上一层牛皮。他觉得这样做,不仅自己不再受苦,全国老百姓也都可以免受石头硌脚之苦了。

愿望是好的，问题是哪里弄来那么多牛皮？就算把全国所有的牛都杀了，也筹措不到足够的皮革，这还不算用牛皮铺路所花费的金钱、动用的人力。但既然是国王的命令，谁敢说个“不”字呢？

就在大家为此发愁的时候，一个聪明的大臣大胆向皇帝谏言说：“国王啊！为什么您要劳师动众，牺牲那么多头牛，花费那么多金钱呢？您何不只用两小片牛皮包住您的脚，这样不就免受石头硌脚之苦了吗？”

国王一听，当下醒悟，于是立刻收回命令，改用这位大臣的建议。据说，这就是“皮鞋”的由来。

可见，想改变世界，很难，而改变自己则容易得多。与其改变全世界，不如先改变自己。当你改变了自己，你眼中的世界自然也就跟着改变了。所以，如果你希望看到世界改变，那么第一个必须改变的就是你自己。

2

在英国威斯敏斯特教堂的地下室，圣公会主教的墓碑上写着这样的一段话。

当我年轻的时候，我的想象力没有受到任何限制，我梦想改变整个世界。

当我渐渐成熟明智的时候，我发现这个世界是不可能改变的，于是，我将眼光放得短浅了一些，那就只改变我的国家吧！但是这也似乎很难。

当我到了迟暮之年,抱着最后一丝希望,我决定只改变我的家庭、我亲近的人——但是,唉！他们根本不接受改变。

现在,在我临终之际,我才突然意识到:“如果起初我只改变自己,接着我就可以改变我的家人。然后,在他们的激发和鼓励下,我也许就能改变我的国家。再接下来,谁知道呢,或许我连整个世界都可以改变。”

当我们没有能力去改变环境的时候,尤其是环境不利于我们的时候,就改变自己,这是一种智慧,一种策略。

一阵狂风,把一棵大树连根拔起。大树看到旁边池塘里的芦苇就问:“为什么这么粗壮的我都被风刮断了,而这么纤细的你却什么事也没有呢?”芦苇回答说:“我知道自己软弱无力,就低下头给风让路,避免了狂风的冲击;而你却拼命抵抗,结果被狂风刮断了。”

我们应该像芦苇一样,尽管软弱,但有智慧。面对狂风卷来,不是试图与之对抗,而是伏下身子,低头弯腰,化险为夷。更重要的是,积蓄力量,在机会到来之时,进行全力冲刺。

3

刘虹大学毕业时国家还管分配,她被分配到了一个偏远的小山区当教师,不仅条件差,工资更是少得可怜。其实,刘虹在校成绩不错,擅长写作,还曾担任过学校文学社的社长。现在被分到这样一个破地方,她整天愤愤不平,对工作没有热情,连一向爱好的写作也没了兴趣。整天琢磨着“跳槽”,幻想能有机会调一个好的工作环境,拿到一份优厚的报酬。两年过去了,她的工作没有任何起色,写作也荒废了,她也变得更加郁郁寡欢。

这天,学校开运动会,附近的村民都来观看,小小的操场被围得水泄不通。她来晚了,站在后面,踮起脚也看不到里面热闹的情景。这时,身旁一个矮小的小男孩儿吸引了她的视线,只见他一趟趟地从远处搬来砖头,在那厚厚的人墙后面,耐心地垒着一个台子,一层又一层,足足垒了半米多高,他才登上台子,还冲刘虹粲然一笑,掩饰不住的是成功的喜悦和自豪。

刹那间,刘虹的心被震了一下,操场上的环境已经不能改变了,自己只是站在外面唉声叹气,抱怨自己来晚了。而小男孩儿,却懂得垒起一个一个的台子,改变自己的高度,去欣赏比赛。自己一直在抱怨被分配的地方是多么差劲,但是不曾想到改变自己,她为自己以前的做法感到惭愧。

从此以后,她满怀激情地投入到工作中去,踏踏实实,一步一个脚印。很快,她便成了远近闻名的教学能手,编辑的各类教材接连出版,各种令人羡慕的荣誉纷纷而至。两年后,她被调至自己颇喜欢的一所中专任职。

改变周围的环境,想必是很多人都有过的梦想。比如,我们会抱怨周围的卫生环境太差了,但是看到遍地的垃圾,自己也会把手里的废纸随手一丢,还会安慰自己说:“反正已经脏成这样了,也不多一张废纸。”也许,大多数人和你抱着同样的想法,如果我们每个人都从改变自己开始,卫生环境不就改观了吗?

面对周围的环境,作为个体,我们是无能为力的,但是,我们可以改变自己啊。

高处不胜寒,别把自己太当回事

1

美国开国元勋之一的富兰克林年轻时,去一位老前辈的家中做客,昂首挺胸走进一座低矮的小茅屋,一进门,“嘭”的一声,他的额头撞在门框上,肿了一个大包。

老前辈笑着出来迎接说:“很痛吧?你知道吗?这是你今天来拜访我最大的收获。一个人要想洞明世事、练达人情,就必须时刻记住低头。”

有些人看上去平平常常,甚至还给人“窝囊”不中用的弱者感觉,但这样的人并不可小看。有时候,越是这样的人,越是在胸中隐藏着高远的志向抱负,而他这种表面“无能”,正是他心高气不傲、富有忍耐力和成大事讲策略的表现。这种人往往能高能低、能上能下,具有一般人所没有的远见卓识和深厚城府。

刘备一生有“三低”最为著名,它们奠定了他王业的基础。

一低是桃园结义,与他在桃园结拜的人,一个是酒贩屠户,名叫张飞;另一个是在逃的杀人犯,正在被通缉,流窜江湖,名叫关羽。而他,刘备,皇亲国戚,后被皇上认为皇叔,肯与他们结为异姓兄弟,他这一低头,两条浩瀚的大河向他奔涌而来,一条是五虎上将张翼德,另一条是儒将武圣关云长。刘备的事业,从这两条河开始汇成汪洋。

二低是三顾茅庐。为一个未出茅庐的后生小子,前后三次登门求见。不说身份、地位,只论年龄,刘备差不多可以称得上长辈,面对闭门羹,毫无怨言,一点都不觉得丢了脸面,连关羽和张飞都在咬牙切齿,这次低头,换来的是一张宏伟的建国蓝图和一个千古名相。

三低是礼遇张松。益州别驾张松，本来是想卖主求荣，把西川献给曹操，曹操自从破了马超之后，志得意满、骄人慢士，数日不见张松，见面就要问罪。刘备派赵云、关云长迎候于境外，自己亲迎于境内，宴饮三日，泪别长亭，甚至要为他牵马相送。张松深受感动，终于把本打算送给曹操的西川地图献给了刘备。于是，西川百姓汇入了刘备的帝国。

最能看出刘备与曹操交际差别的，要算他俩对待张松的不同态度了：一高一低，一慢一敬，一狂一恭。结果，高、慢、狂者失去了统一中国的最后良机，低、敬、恭者得到了天府之国的川内平原。

2

一个人，无论你已取得成功还是还没有出师下山，其实都应该谨慎平稳，不惹周围人不快，尤其不能得意忘形狂态尽露。

第一，在行为上要低调，“居功不可自傲”，做人不能太精明，例如，《红楼梦》中的王熙凤“机关算尽太聪明”，最后，乐极生悲。

第二，在心态上要低调，不要锋芒毕露，不要恃才傲物，要知道谦逊是终生受益的美德。

第三，在姿态上要低调，“大智若愚，实乃养晦之术”，毛羽不丰时，要懂得让步；时机未成熟时，要耐心等待。所谓“高处不胜寒”，低调做人也未尝不是件好事。

第四，在言辞上要低调，说话时莫逞一时口头之快，不可伤害他人自尊，不要揭人伤疤，得意而不忘形，要知道祸从口出，没必要自惹麻烦。

低调做人，不是指低声下气，奴颜婢膝，而是指要始终把自己当成普通一分子，使自身融入大众中去，融入社会中去，不追名逐利、不自命不凡，为人处事不张扬。

《大乘本生心地观经·无垢性品》内容有讲：“观诸众生，是佛化身，观于自身，为实愚夫；观诸有情，作尊贵想，观于自身，为僮仆想；又观众生，作父母想，观自己身，如男女想。出家菩萨常作是观，或被打骂，终不加报，善巧方便，调伏其心。”

意思是说，要把众生，看作是佛的化身，把自己看作愚夫。要把一切有情，都看得非常尊贵，把自己看成是仆人。要把众生都看成是自己的父母，把自己看成是子女。出家菩萨要常常这样观想，有时即使被打骂，始终也不加报复。用各种巧妙的方法，来调伏自己的心。

3

低调做人是一种境界，也是一门人生哲学。低调做人，不仅可以保护自己、融入人群，与人们和谐相处，也可以让人暗蓄力量、悄然潜行,在不显山、不露水中成就事业。

在我们的日常生活中,形形色色、各式各样的人都有,与人相处,无论是生活中还是工作中,只要你稍微有点处理不当,就很有可能招来不少麻烦。轻者,工作不愉快;重者,影响自己的职业生涯。

我们要知道自己还有很多不懂的地方,需要努力学习,这个世界上,比自己优秀的人还有很多,这是必须要认清的现实。不要想着自己什么时候都要成为焦点,有时候做一个无名小卒也许更合适。

Chapter 8

最美的镜头，一直都在你手里

人生多风雨，道路总崎岖，但世上的路不止一条，希望不止一个。面对生活，低首蹙眉、郁郁寡欢，不如一路悠然、轻歌曼舞。阅尽世事，就会幡然明白："不管遇到什么，那都是生命的典藏。"无论这个世界是否真的有他们说的那么危险，要相信，那些最美丽的镜头，一直在你手里。

每个人都喜欢上帝的微笑

1

布兰达是巴黎话剧团的知名喜剧演员，在十几岁的时候，他就能将莫里哀的著名喜剧表演得出神入化，令观众捧腹大笑。在日常生活中，他同样是一个幽默开朗的人。

记者参观他的房间时发现，布兰达的盥洗镜旁放了一张与镜子等大的照片，照片上的布兰达一脸郁闷。布兰达说："每天起床我都会先看一眼这张照片，告诉自己'没有人愿意欣赏你抑郁的脸'，再照镜子的时候，我会努力让自己的表情开朗、朝气，这样别人才能知道我是个快乐的人，而不是倒霉蛋。"

人们常说："人生如戏。"多数人的人生是一部正剧，悲喜交加，苦辣参半；部分人的人生是一幕悲剧，作茧自缚，惨淡收场；只有极少数人将自己的人生当作喜剧，他们很少会悲观绝望，总是愿意相信未来，相信幸福是人生的本质。即使生活平淡，他们也会用笑脸来装点，愉悦自己、鼓励他人，就像故事中的喜剧演员布兰达，每天都对自己说："没有人愿意欣赏你抑郁的脸。"的确，一张面带微笑的脸，比一张写满失落、不满、悲观的脸更有吸引力。

2

一个7岁的男孩，总吵着说他想见一见上帝。母亲告诉他，上帝住在很远的地方，要走很长的路、经过很长的时间才能到达。男孩当真了，他准备了一个手提箱，里面装满了巧克力，还有几瓶饮料，他要进行一场寻梦之旅。

周末的午后，他拖着手提箱走出了家门。沿着街道一直往前走，不知不觉就穿过了三个街区。他来到了一个公园，看到一位老太太在长椅上坐着，望着那些时飞时落的鸽子。

小男孩挨着老太太坐了下来，打开手提箱，拿出一瓶饮料。正准备喝时，他无意间发现，老太太正看着自己，她的眼神充满了羡慕和渴望，她饿了。小男孩慷慨地拿出一块巧克力，递给了她。

老太太接过巧克力，内心充满了感激。她微笑着看着小男孩，笑容温暖而慈祥，亲切而纯善。小男孩心里觉得舒畅极了，感觉整个世界都充满了阳光，四处都是鸟语花香。

大概是被刚刚那份笑容感染了，于是，小男孩又递给老太太一瓶饮料。这一次，老太太又欣然接受了，并回赠给他一个完美的微笑。小男孩也笑了，露出洁白的牙齿，看上去天真无邪。

那个漫长的下午，他们就那样静坐在公园的长椅上。一边吃，一边笑，自始至终两个人都没有开口说过一句话。

时间仿佛凝固了，谁也感觉不到它的流动，直到天色逐渐暗了下来,小男孩才意识到夜幕降临了。小男孩累了,他站起身,往家的方向走去。刚走出几步,他却突然转过身,跑到老太太的面前,张开双臂,给了她一个紧紧的拥抱。那个完美而慈祥的微笑,再一次浮现在小男孩的眼前。

小男孩快乐地回到家,拖着手提箱进了卧室。母亲觉得很好奇,她忍不住地问:“孩子,发生了什么事吗?你看上去很快乐!”

“妈妈,我与上帝共进午餐了。”小男孩得意地答道。还没等母亲反应过来,他又说道:“我开心,是因为她给了我最美好的微笑!她看上去那么慈祥,那么亲切,那么完美!”小男孩一边说,一边露出喜悦的神情,他在回味下午与“上帝”共同度过的美好时光。

与此同时,在另一个家里,也上演着类似的一幕。

那位在公园长椅上静坐的老太太,容光焕发地回到家,脸上的微笑从未断过。看着她那安详、平和的神情,儿子一脸吃惊,他问道:“妈妈,今天发生什么事了吗,您这么开心?”

“孩子,我今天在公园里遇见上帝了,他还和我一起分享了巧克力。”老太太兴奋地说道,脸上的神情似乎在回味与“上帝”共度的美好时光。她的儿子还没反应过来,老太太又说,“你知道吗?没想到上帝那么年轻,比我想象中要年轻得多……”

3

大仲马说，人生就是由烦恼组成的一串念珠。现代人经常为生活中的琐事烦恼。佛家规定念珠有108颗，人生的烦恼远比108要多得多，人们数一遍，还要数第二遍、第三遍，难怪有很多的人会陷入忧愁。他们认为人生只有烦恼，为生活烦恼、为事业烦恼、为恋爱烦恼……他们看到了念珠数目繁多，却没看到这些珠子能够被心志磨砺为圆润光滑，很容易就在眼前手间溜过。

人生多风雨，道路总崎岖，但世上的路不止一条，希望不止一个。面对生活，低首蹙眉、郁郁寡欢，不如一路轻歌曼舞、自在悠然。阅尽世事，就会幡然明白：不管遇到什么，那都是生命的典藏。纵然身处逆境，也可以选择不消沉、不颓废，在坎坷、磨砺中坚强，在苦难和逆境中成长，在痛苦和烦忧中微笑。很多时候，越过风浪，就能一往无前。

天黑那就请闭眼,好好享受孤独的时刻

1

著名作家、哲学家亨利·戴维·梭罗曾就读于哈佛大学。1845年一个温暖的春天,28岁的梭罗带着一把借来的斧头和一些必备的生活用具,轻快地走进了美国马萨诸塞州瓦尔登湖畔的森林深处。

在他的面前,就是美丽的瓦尔登湖了,轻风在湖面吹起层层闪亮的涟漪,也吹得他思绪飞扬,仿佛在经历了红尘中的繁华与喧嚣后,他终于找到了一个静美的世界,可以映衬自己真实的内心。一个月后,他用在森林中砍来的木材亲手搭建了一座小木屋,这将是他未来的居所。当他夜里躺在床上时,有月光从窗外照射进来,还可以听到外面的森林被风吹得哗哗地响,此刻,他觉得自己离生命的真谛是那样的近。

每一天的清晨,他都会被鸟鸣声所唤醒。上午的时候,他会坐在小木屋前,沐浴着阳光静静地思考;到了下午,他就会或在湖边垂钓,或在星月斑斓的湖面泛舟……

其实他还有一位"邻居",那就是早在他来之前便在这里安了家的一只野鼠。每当他吃饭时,它便来到他的脚下,捡食地上的面包屑。慢慢地他们就熟识了，有时会在一起玩，像一对老朋友。渐渐地，善邻都来了，最热闹的便是那些鸟了，最早来木屋里安家的，是一只美洲鹟。它居然大模大样地来这里安家，与梭罗共处一室。在屋外的一棵松树上，住着一只知更鸟，每天都为他演奏自然的乐章。在5月里，会有鹧鸪拖家带口地从林中飞到窗前。

除了舒适与安逸，梭罗还要劳动，因为他需要养活自己。可他一年中只劳动6个星期，因为他不需要任何多余的东西，只求温饱就够了，他说："多余的财富只能够买多余的东西，人的灵魂必需的东西，是不需要花钱买的。"

也就是在这种孤独的幸福中，才有那本传世之作《瓦尔登湖》得以从梭罗的笔下缓缓流出，那份恬静与和谐，怎能不打动读者心底的那根脆弱的弦。

2

王顺友，是四川凉山彝族自治州木里藏族自治县邮局的投递员。他常年从事着一个人、一匹马、一条路的艰苦平凡的乡邮工作。他走过的邮路往返里程360千米，月投递两班，一个班期为14天，20多年里，他的送邮往返行程长达26万多千米，相当于走了21个二万五千里长征，绕地球转了6圈。

王顺友负责的马班邮路，出了名的山高路险，气候也十分恶劣，一天要经过几个气候带。他经常露宿荒山岩洞、乱石丛林，经历了被野兽袭击、意外受伤乃至肠子被骡马踢破等艰难困苦。他常年奔波在漫漫邮路上，一年中有330天左右的时间在大山中度过，无法照顾多病的妻子和年幼的儿女，没有向组织提出过任何要求。

孤独并不可怕，可怕的是对一切失去兴趣。能对人生有热忱，生活才有光亮。因此，在孤独中我们应该鼓起勇气找出自己的路。有了自己的创造与成就，你就可以相信，孤独与寂寞并不如你所想的那样可怕，因为它对你有激励的作用。

不是所有的人都喜欢孤独，也不是所有的人都能拥有孤独，更不是所有的人都能读懂孤独、享受孤独。粗俗浅薄的人只会无聊，孤独有别于无聊和寂寞，寂寞者的心灵总是空虚孱弱、充满恐怖，往往会在孤独中无奈落寞，迷失方向甚至沉沦颓废。渴望孤独能尽情享受孤独的人，大多是内心充盈、志存高远，为了自己的心性不受约束，而以独处来构建自己心灵上的世外桃源，保持自己灵魂的洒脱，正如在一般人眼中，雄鹰在空中遨游形只影单，是孤独的，但它所拥有的是整个蓝天。

3

说起孤独，人们就会想到什么离群索居、顾影自怜、孑然一身。人似乎只有合群才是正常的，才能免除孤单，才能得到幸福。其实，这只是浅层次的孤独，真正的孤独是一种高贵的品格，一种宁静的心境。

贝多芬说："当我最孤独的时候，也是我最不孤独的时候。"孤独其实是一种心理感受，有的人即使长期孤灯独处，却很充实；有的人即使夜夜狂欢，心里面却仍有无边的寂寞。没有"自我"的人永远都是孤独的，即使一起狂欢的人再多，场面再热闹，也只能是暂时的麻痹。曲终人散后留下的空虚，比孤独本身更可怕。

梭罗曾说过："生活需要孤独的力量，我们需要集体的温暖，但我们又是独立的个体，每个人的人生都有不一样的精彩，同伴也许会给你帮助，但对彼此的妥协又阻碍了彼此梦想的触角。一个人上路，一个人去奔赴这场无关风月的旅途，获得心灵的自由。"其实，孤独也是一种福气，得闲时面对窗前明月，清茶一杯，好书一卷，听一曲清幽古乐，任情骛神游；或独自漫步山水林野间，托付心灵于自然，静静地体味着安逸、悠闲、宁静和轻松。

任何不快乐的时光都是浪费

1

包希尔·戴尔是一位眼睛几乎失明了的不幸女人，但是，她的生活却并不是像我们所想象的那样糟糕。因为她始终坚信，不论是谁，只要他来到了这个世界上，就是合理的。用她的话说，她相信有所谓的命运，但是她更相信快乐。因为她自己就是一个即使是在厨房的洗碗槽里，也能够寻求到快乐的人。

包希尔·戴尔的眼睛处在几近失明状态很长时间了。她在自己所写的名为《我要看》的一本书中这样写道："我只有一只眼睛，而且还被严重的外伤给遮住，仅仅在眼睛的左方留有一个小孔，所以每当我要看书的时候，我必须把书拿起来靠在脸上，并且用力扭转我的眼珠从左方的洞孔向外看。"但是，她拒绝别人的同情，也不希望别人认为她与一般人有什么不一样。

当她还是一个小孩子的时候，她想要和其他的小孩子一起玩踢石子的游戏，但是她的眼睛却看不到地上所画的标记，因此无法加入他们。于是，她就等到其他的小孩子都回家去了之后，她就趴在他们玩耍的场地上，沿着地上所画的标记,用她的眼睛贴着它们看,并且,把场地上所有相关的事物都默记在心里,之后不久,她变成踢石子游戏的高手了。

她一般都是在家里读书的,首先,她先将书本拿去放大影印之后,再用手将它们拿到眼睛前面,并且几乎是贴到她的眼睛的距离,以致她的睫毛都碰到了书本,就是在这种情况下,她还获得了两个学位,一个是明尼苏达大学的美术学士,另一个是哥伦比亚大学的美术硕士。

到了1943年,那时她已52岁了,也就在那个时候发生了奇迹。她在一家诊所动了一次眼部手术,没想到却使她的眼睛能够看到比原先所能看到远40倍的距离。尤其是当她在厨房做事的时候,她发现即使在洗碗槽内清洗碗碟,也会有令人心情激荡的情景出现。她又继续写道:“当我在洗碗的时候,我一面洗一面玩弄着白色绒毛似的肥皂水,我用手在里面搅动,然后用手捧起了一堆细小的肥皂泡泡,把它们拿得高高地对着光看,在那些小小的泡泡里面,我看到了鲜艳夺目好似彩虹般的光彩。”

当她从洗碗槽上方的窗户向外看的时候,还看到了一群灰黑色的麻雀,正在下着大雪的空中飞翔。她发现自己在观赏肥皂泡泡与麻雀时的心情,是那么的愉快与忘我。

因此, 她在书中的结语中写道:“我轻声地对自己说,亲爱的上帝,我们的天父,感谢您,非常非常的感谢您!”

快乐的人也许不是最出色的,也不一定比其他人拥有更多的幸福,但他却是掌握人生真谛的人。

2

一位郁郁不得志的诗人,在家门口的河边散步。望着平静的河水,他的心稍稍才好过一些。

夜幕降临后,河边的路灯亮起,朦胧中有一种别样的安宁。忽然,一阵悠扬的萨克斯声响起,是那首经典的《回家》。这旋律实在太美妙了,让人顿时静了下来,心里感到一阵愉悦。

诗人刚要驻足聆听,声音却戛然而止。

陌生的男子带着微笑走到了诗人面前,手里拿着一把萨克斯。夜色朦胧,可那抹灿烂的笑容,还是点亮了诗人眼前的世界。

诗人友好地打招呼:“您好,能与您相逢,是我的荣幸。”

陌生男子问道:“你我萍水相逢,何出此言?”

诗人说道:“我在您的音乐里,找到了我向往的人生;您的笑容也告诉我,您一定生活得很快乐,没有风霜的侵袭,没有忧愁的牵绊……”

男子笑了笑,说道:“你错了,老兄!今天上午我才和妻子离了婚,就在刚刚,我又丢了钱包,里面有证件和钱,连公交卡也在其中。我正想着要怎么‘回家’呢!”

诗人简直难以置信,瞪着眼睛问:“那,您还有心情吹萨克斯?”

陌生男子摇摇头,说:“为什么不能吹呢?为什么不享受这点快乐呢?我已经失去了那么多,若再愁眉苦脸,岂不是一无所有了吗?”

说罢,男子潇洒地离去,剩下诗人独自在河边沉思。

3

散文大师张中行先生曾在《快乐》一文中说:“快不快乐,完全是由自己的想法决定的。”

人生有太多不确定因素,任何人都有可能会被突如其来的变化扰乱心情。与其随波逐流,不如有意识地调整自己的心情。许多时候,不是周围的事物打扰了你的快乐,而是你在纷乱的事物中,丢失了一份快乐的心。

其实,快乐就像是一颗种子,你允许它在心里生根发芽,它就会变成蒲公英,洒满你的整座心房;快乐又像是天上的风筝,线在你手中,拉一拉它就会回来。只要学会去感受、去享受生活中每一处细微的美好,就可以活得轻松、洒脱。

你怎么知道你所忧虑的事真的会发生

1

小镇上一家酒吧里，灯火通明，喧声四起，一群衣着光鲜的绅士正围坐在吧台边上，一边喝着威士忌，一边谈论着生意上的事情。

“够了，够了，这样的日子简直像受刑，我受够了！”一个以制作各式各样成衣为生的商人抱怨道。不景气的经济、日渐低迷的生意，令他终日愁眉不展、郁郁寡欢，他的双眼布满血丝，经常失眠。

“怎么了，朋友？”众人问。

“真叫人痛苦不堪……”成衣商说道。

一位朋友看在眼里，不忍他这样被烦恼折磨，就安慰他：“别急，你的问题没有什么大不了的，我给你想一个好办法，如果以后你还睡不着，不如静下心来，数一数绵羊，这样等你数累了，自然就可以休息了。”

“嗯，是个不错的办法，朋友，亏你想得出来，我回去就试一试。”成衣商道谢而去。

三天后，成衣商再次出现在酒吧里，双眼比几天前更加红肿了，当他遇到给自己提出建议的朋友，说：“老兄，你的办法一点也不灵验啊，你看看我现在，精神更加不好了，病情也似乎更加严重了！”

“不会吧！”朋友惊讶地问道，“你是按照我的话去做的吗？”

“那还用问吗？老兄，我肯定是按照你说的话去做的呀，不仅如此，我还数到一万多头呢！”

“我的上帝，老兄，你没跟我开玩笑吧！居然数了那么多。你不应该一点睡意都没有啊！”朋友吃惊地问。

“是的，刚开始的时候，我是有些困意了，可是我一想到一万多头绵羊，那将会有多少羊毛啊，如果不剪，那岂不可惜了？”

“那剪完不就可以睡了？”

“你哪里知道，这一万头羊的羊毛所制成的毛衣，要去哪儿找买主啊，一想到销路，我更睡不着了。”

2

在一个村庄里，住着一个名叫鲍弟·拉姆的财主。他家土地很多，父辈也留下了很多财产。可是人们都叫他吝啬鬼，因为无论发生了什么事情，哪怕让他花一个小钱，他也十分不高兴。他却每天都忧愁满面，整日地想着：“我怎样才能发大财，好让我的财产传承下去。”

一天，村上来了一位修道的圣人。没过几天，附近的村子都传开了:“这位圣人有很高的修行，能够满足别人提出的愿望。”

财主一听说这消息,心里乐开了花。他认为,他每天忧愁的问题,终于有办法解决了。他立即来到圣人面前,把自己的烦恼告诉圣人,希望圣人能够帮助他实现这个愿望,解决困扰着他的问题。圣人听他讲完,心中就明白了。他觉得应该对这个财主进行教育,这样才会使他明白做人的真正意义。

圣人微笑着说:“鲍弟·拉姆先生，你的愿望一定能够实现,不过有一个条件。”

鲍弟·拉姆一听到有条件，忙说:“只要不是让我施舍众生,什么条件我都答应。”

圣人见财主这么说,就对他讲:“你家旁边住着一户穷人家,家中只有母女两人,你不用大施舍,明天你给她们送一点粮食吧。”

鲍弟·拉姆心里估算着:“比起普度众生，送一些粮食容易多了,主要是能解决我的忧愁,才是最大的事情。”便答应了圣人,欢天喜地地回家去了。

第二天一早,他便带着粮食来到那户穷人的家里。看到穷母女两人正在一边唱着小曲一边干活，见到财主进来了，便停下了手中的活。鲍弟·拉姆高傲地对她们说:“收下这点粮食吧,这样你们今天就有吃的了。”

母亲说:“谢谢好意,但是,今天我们有粮食吃,我们不要,请你拿回去吧。”

听了这位母亲的话，鲍弟·拉姆惊讶了一番，然后劝道："过了今天还有明天，你们就留着明天吃吧。"

"明天的事我们不担心，天无绝人之路，老天爷不会让我们饿死的！"说完又埋头忙自己的了。

鲍弟·拉姆一时间尴尬地出了门，路上他恍然大悟："这户穷苦人家是多么快乐，她们不为明天担忧。可是我呢，整天为自己的后代继承遗产而忧虑。"

鲍弟·拉姆没有回家，他从穷人家直接来到圣人住的寺庙。他向圣人行了礼，说："感谢您！是您给了我快乐的钥匙。说真的，在这个世界上，总为明天担忧的人，是永远不会找到快乐的。"

3

没有人喜欢担心和忧虑，也没有人会喜欢不安全感，因为这与人类本能的自我保护是相悖的。然而，忧虑就像天上滴下来的雨水，是你无法抗拒、无法阻止的，你唯一能做的，也许就是找一把伞把自己保护起来，不要让忧虑近身。

今天，正是你昨天忧虑的明天，在忧虑时不妨问问你自己："我怎么知道我所忧虑的事真的会发生？"

要知道很多事情都是无解的，因此不能把自己的思维逼进一个死角，如果明知道是个死角，可还是一鼓作气、不依不饶地要往里面撞，就像一只扑火的可怜飞蛾，拼了命要在灯光那儿折腾。因这个念头而把自己纠缠在里面,这只是自我折磨,不发疯才怪。

上天赋予人类一定分量的欢喜与哀愁,倘若你不懂得用好心情来平衡坏情绪,用新快乐来抚平旧伤痛,那么,就大大辜负了人类左右情绪的天赋。

生活在这个纷繁复杂的世界里,有时也需要及时开导自己,消除不必要的烦恼,让自己在绝望中看到希望,在黑暗中看到曙光。

人的一生都不免遇到各种令人烦心的事,然而,不同的人在遇到相同的问题时,有着不同的态度和解决办法。面对困难,乐观的人往往一笑置之,并迅速去寻找解决办法;悲观的人,只会像热锅上的蚂蚁一样慌乱,找不到方法。

聪明的人都知道,遇事沉着冷静,更容易迅速解决问题,走向成功。也就是说,假如我们能给生活中的各种忧虑划出一个“到此为止”的界限的话,我们会发现成功原来如此简单,生活原来如此快乐!

你总是“求理解”，真的太弱了

1

理解，固然是很美好的，谁不渴望理解呢？

然而，事实上由于年龄、性格、职业、知识结构、品德修养、生活经历等因素的影响，人和人之间有时是很难互相理解的。

脆弱的人把许多精力放在“求理解”上，到处自我表白，宣扬自己，把别人不理解自己当作最大的痛苦。

如果你过分希望得到理解，得到他人的赞成或默认，当你未能如愿以偿时便会十分沮丧。

这正是自我挫败因素之所在。同样，当寻求理解成为一种需要时，你就会产生惰性。这是将自我价值置于别人控制之下，由他人随意抬高或贬低，只有当他们决定施舍给你一定的理解时，你才会感到高兴。

一只老猫见到一只小猫在追逐自己的尾巴，便问：“你为什么要追自己的尾巴呢？”

小猫答：“我听说，对于一只猫来说，最为美好的便是幸福，而这个幸福就是我的尾巴。所以，我正追逐它，一旦我捉住了我的尾巴,便将得到幸福。”

老猫说:“我的孩子,我也曾考虑过宇宙间的各种问题,我也曾认为幸福就是我们的尾巴。但是,我现在已经发现,每当我追逐自己尾巴时,它总是一躲再躲;而我着手做自己的事情时,它却总是形影不离地伴随着我。”

同样道理,如果你希望得到理解,最为有效的办法恰恰是不去渴望、不去追求、不要求每个人都理解你。只要你相信自己,并且以积极的自我形象为指南,你便可以得到许许多多的理解。

2

对于夏天的虫子,无论你怎样与它谈论冬天的冰雪,它也不会明白。

孔子的一个学生与一个人发生了争执,争论一年有几个季节。孔子的学生自然说是四季,而对方非咬住说三季。并且说谁错了谁就给对方磕头。这个时候,他们正好遇到了孔子,孔子得知事情的经过后,想了想说,是三季。于是,孔子的学生只好磕了三个头。回到家中学生依然不解,问孔子为何三季?

孔子答曰:“是人都知道是四季,而他浑身绿色,其实并非人类,是个蚱蜢。蚱蜢怎么会有冬季呢?它既是活不过冬季,自然只有三季。你又何必跟它计较呢?吃点亏又何妨?人生当中会遇到很多三季人,何必总是要争得面红耳赤?其实是毫无意义的。"

同理,当我们总是责怪别人无法理解自己的时候,请静下心来,各人有各人的思维限制,思维不同,很难一致,所以,我们都是互相眼里的夏虫,又如何会有个对错?

3

当然,一个人不可能事事都得到每个人的理解和赞许,但是,如果你认识到自己的价值,在得不到理解和赞许时便不会感到沮丧。你将把反对意见视为一种自然现实,因为生活在这个世界上的每一个人都对世事有自己的看法。

生活中我们很多时候犯的错误往往来自只从自己的角度思考问题。为了避免这样的错误,就得学会换位思考,并在此基础上调整行为的方式。换位思考就是完全转换到对方的角度思考,从而更理解人、宽容人,就是要求在观察处理问题,做思想工作的过程中,把自己摆放在对方的角度,对事物进行再认识、再把握,以便得到更准确的判断,说出的话也才能真正说到别人的心窝里。

《圣经》里有这样一个故事。

一次，有些人要砸死一个行为不端的妇人。耶稣说："可以，可是你们每个人都要扪心自问，谁没有犯过错误，那他就可以动手。"那些人都自觉问心有愧，最后谁也没有砸她。

为何那些人在耶稣的这个问题前变得不敢动手了呢？因为没有一个人有动手的资格——只要想到自己原来也有可能犯错，就能同情这位行为不端的妇人了。

即使是最没本事的人，在责备别人时，往往也能够大发议论；即使是最聪明的人，在对待自己缺点时，也往往糊涂。我们只要经常用指责别人的态度来要求自己，用宽恕自己的心思去对待别人，怎么不可能有大进步呢？

仔细想来，生活中诸多不快、诸多矛盾的引发，未必都有多么复杂、多么严重的理由，如果能够互相了解、互相理解，或许就根本不会发生。而换位思考就是达到互相理解的一种有效途径。

自己都不知怎么相爱,怎么给别人好处

1

从前,有一位很有名气的诗人,他一直苦恼着:自己还有一部分诗作没有得到别人的欣赏。

苦恼之际,这位诗人找到了他的朋友——一位禅师。这天,诗人向禅师说了自己的苦恼。禅师听后淡然一笑,手指着一株茂盛的植物说:“你看,那是什么花?”诗人看后回答说:“夜来香。”禅师说:“没错,是夜来香,它仅在夜晚开放,那么你知道这种植物为何仅在夜晚开花,散发香味吗?”诗人看了看禅师,表示自己不知道何故。

禅师告诉他说:“夜晚开花,并无人注意,它开花,不是为了取悦别人,而只是为了取悦自己!”诗人听后感到很惊讶:“取悦自己?”禅师笑道:“凡是选择在白天开花的植物,几乎都是为了引人注目,得到他人的赞赏。而夜来香恰恰相反,它在没人欣赏时开放自己、芳香自己,它这样做只是为了让自己快乐。一个人,难道还不如一株夜来香吗?”

禅师看了一眼诗人,接着说:“有不少人,总是让别人掌握着自己快乐的钥匙,自己所做的一切,都是在做给别人看,让别人来赞赏，好像不这样做自己就快乐不起来。实际上，在不少时候，我们做事的目的应该为自己。”

诗人笑着说：“我懂了。一个人，不是活给别人看的，应该为自己好好活着，度过自己有意义的人生。”

禅师点了点头，又说：“一个人，只有取悦自己，才能把握好自己；只有取悦自己，才能有效地提升自己；只有取悦自己，才能使自己好的一面感染到别人。要知道，正是因为夜来香夜晚开花，所以引来了不少人，为了看到它开花而彻夜等待。”

取悦自己是一种凝固剂，能让乐观自信的心态长久地保持下去，从而使我们勇敢坦然地面对未来要走的路。

2

曾经有这样一则调查，某公司的所有男士要对公司里的所有女士进行评议，并指出最吸引自己的女士名字，结果表明：凡是被点到名字的女士，要么有良好的气质，要么善解人意，要么富有生活情趣，要么个性不凡。

实际上，她们以自己的优势取悦他人之前，自身一定是被自己取悦的，通常，这些人将来建立起来的家庭也都是幸福而快乐的。

在实际生活中，总有一些事情显得纷纷扰扰，往往在有些时候，我们需要做出唯一的选择，因为不同的选择会产生不同的结果。每到这个时候，我们也常常会陷入两难之中，而在无法折中的情况下，往往我们最终会选择取悦自己。

是选择取悦别人，还是取悦自己，作为旁观者而言，是无法和当局者感同身受的，只有当局者才能体会到其中的痛苦和艰辛，在看尽其他人取悦别人后的倦态和乏味后，就会注重自己的内心，最终成全自己，和自己相爱的人踏踏实实度过一生。

其实，对于我们每个人而言，内心的一种愿景是——“海浪轻逐，春暖花开”，在这美丽的“画卷”之上，有恬淡自然，也有惬意芳香。如果我们先站在不可调和的事物面前，再去观照自己的内心，便会猛然明白自己接下来的选择——取悦自己要比取悦他人更为智慧。

3

吴淡如曾经说过这样一句话：“每个人心中都有一首歌，即便没有掌声，我们也能歌唱，也能取悦自己。”实际生活中，在面对林林总总的大小事物时，真正能做到不去刻意谋求利益，不在乎物质的多少，真正听从自己内心的人又有多少呢？

从实际生活和工作中，我们可以明显地看到：有的人之所以能活得精彩，是因为他们自信满满地行走在幽雅小径之上,不仅找准了自己的目标和位置,而且还延伸了自己的理想和主宰命运的能力;而有的人最终却让自己陷入了“死胡同”,这是因为他们的消极心态驱使他们潜入阴暗的角落里,这样一来,他们根本就摸索不到前行的路。

可以说,做自己的主人就是一门生动的学问,人只有真正成为自己的主人,才能领悟到其中的人生真谛,塑造出灿烂辉煌的一生。当然,这条路并不是一帆风顺的,在行进的过程中,也许我们的内心会挣扎、会疼痛,但是过后,我们会发现:不经一番寒彻骨,哪来梅花扑鼻香呢?

人生在世,就要以一种博大的胸怀坦荡地活着,在烦恼压身的时候,我们万万不可使自己落入“万般执着”的陷阱里,不要自己为难自己,而要学着做自己的主人,遇到困境和麻烦,要靠自己拯救自己。这样我们才算真正地活出了自己,展现在我们面前的,才会是另一个世界的美好。因为我们的心灵找到了一个正确的出口,获得一种久远的宁静和快乐。

所以说,我们要活出自己,用自己认为的快乐的生活方式,将生活打造得无比斑斓,不管是当下还是未来,每分每秒都要记得为自己而活着,无须取悦他人,因为任何东西都无法替代“取悦自己”带来的那种快乐和幸福。

一无所有，也是一种恩宠

1

一位大师让三个徒弟上山砍柴。临出门前，给大徒弟带上了一把伞，以防天气有变；给了二徒弟一根拐杖，告诉他山路不好走时用得上；而最小的徒弟却什么也没有得到。

小徒弟不免伤心起来，小声嘀咕说："我最小，本该受到最多的照顾，可师父却这样对我。"

大师早就看出了小徒弟的心思，却含笑不语，只让三个徒弟赶紧上路。

傍晚时分，三个徒弟各自归来，都背回了两大捆柴。但是，大徒弟却被突如其来的雨淋得浑身湿透；二徒弟跌得满身是伤；唯独小徒弟却安然无恙。

大师把三个人叫到了一起，三人见面后对彼此的结局都感到颇为诧异，不禁说出了各自的情况。拿伞的大徒弟说："当天空开始飘起零星小雨时，我因为有伞，就大胆地在雨中走；可当雨下大的时候，我却没有地方也腾不出手来撑伞了，所以被淋得湿透了。但当我走在泥泞坎坷的路上时，我知道自己手里没有拐杖，所以走得非常仔细，专挑平稳的地方走，所以竟没摔一个跟头。"

接着，带着拐杖的二徒弟说:“我正因为自己带了拐杖,所以当走到沟沟坎坎的地方时,便毫不在意,没想到竟常常跌跤。但是,当大雨来临的时候,我知道自己没带伞,所以尽量拣着那些能躲雨的地方走,身上自然也就没有被全部淋湿。”

这时候,小徒弟似乎明白了师父的用意,说:“我知道你们为什么拿伞的被淋湿了,带拐杖的跌伤了,而我什么也没拿,却安然无恙回来的原因了!当大雨来时我躲着走;路不好走的地方我便格外小心,所以我既没有淋湿也没有跌伤。”

大师慈爱地对徒弟们说:“你们的失误就在于,你们有了自认为可以依赖的优势,便觉得少了忧患。”

许多时候,我们并不是跌倒在自己缺乏的弱项上,而是在自以为有优势、绝不会出任何问题的地方出了差错。往往,弱项和缺陷能让人保持足够的警醒,而优势则容易让人忘乎所以。在困境之中,大多数人都会下意识地千方百计寻找救命稻草。然而,心理上的依赖情结越是严重,做起事来就越会马虎。更严重的是,也许困难最终得到了解决,可我们自己却没有从中学会任何面对困难、解决问题的经验,从而在依赖中错失了一次有助于成长的好机会。可以说,拥有的东西越多,顾虑越大。相反,若一无所有,反而倒什么都能豁得出去了。

拥有的东西越多,开创新的事业时需要放弃的东西就越多,不少人就难以割舍,从而空幻想一场。

2

某记者在以色列采访时，从外交官到商贸工部官员,再到成功的企业家，都众口一词地认为:“我们成功的秘诀,真的就在于我们一无所有。”

从经济社会发展的自然条件来看，以色列真的可谓是“一无所有”:国土面积小,国土资源质量也不高。他们没有邻国引以为豪的石油,有的却是占国土面积一半以上的沙漠和半沙漠地区。

可是,贫瘠的自然资源让以色列人更加重视发挥人的作用。他们把科技作为立国之本,注重科研成果在经济社会发展中的转化，在各个领域都体现出高科技含量和精细化经营。比如,以色列严重缺水,但他们的节水灌溉和旱作农业技术却因此而举世闻名;废水复用、人工降雨、海水淡化等非传统水资源的开发利用也相当成功,在水资源管理的很多具体细节上,都做到了世界最好的水准。

在我国也有不少地方资源稀缺、信息闭塞,用传统的眼光看来,可谓是“一无所有”。但如果能像以色列一样,充分发挥人的智慧和能动性,把“一无所有”变成自身发展的优势,同样会推动经济社会的健康发展。比如,浙江温州,人多地少，缺少自然资源，但温州人却创造了以加工制造业和民营经济为特色的温州模式，成为全国发展的楷模。

从辩证的角度看，“优势”和“劣势”是对立统一的，相互依存又相互转化。从来没有绝对的“优势”，也没有绝对的“劣势”。资源丰富的地方，往往产业结构单一，经济对资源的依赖性较强，反而限制了其他产业的发展；资源缺少的地方，往往却能形成一些对资源依赖程度小的可持续发展的产业。

3

所以说，“一无所有”在某些时候也是一种优势。正是因为一无所有，才会有那股“甩开膀子放手干”的豪爽气概，才会有不顾一切的内在驱动力，这也是改变命运的关键之所在。

我们不要再为自己的“一无所有”“一穷二白”而灰心叹气了，上天是公平的，它剥夺了我们的一切，也会为我们准备好意想不到的另一种“恩宠”。

我们降生的那一刻是一张白纸，日后的人生我们为它填充了不同的色彩，赋予了它不一样的内容。有人或许在想，有些人出生的时候有着好的背景，自己在起跑的时候就已经落后了，但若是有着这样怯懦的想法，你将永远追不上对方的脚步。

其实,一无所有也是一种财富,它让人产生改变命运的激情;一无所有也是一种资本,让我们拥有了无牵挂、轻装上阵的心态。当环境把你逼到了一无所有的境地,不要怕,这是一种"恩宠",实际上就相当于给了你一把挖掘宝藏的锄头。